暗算力

誰でも身につく!

栗田哲也

PHP文庫

○本表紙図柄＝ロゼッタ・ストーン（大英博物館蔵）
○本表紙デザイン＋紋章＝上田晃郷

まえがき

筆算が流行しています。「流行」というのは変ないい方かもしれませんが、学校の算数ではほとんどの場合、ノートにきっちりとたて書きの筆算をさせたり、計算の各段階（過程）を詳細に書かせたりします。

筆算の際、横線を定規で引かせたりするような極端な形式的指導すら行なわれているようです。

筆算は、計算の「しくみ」をきっちりと把握させ、意識させ、教師が生徒の理解度を見るために役立ちます。

しかし、その一方で、暗算があまりにも軽視されていないでしょうか？

困ったことに、暗算の伝統は日本ではかなり廃（すた）れてしまいました。昔は暗算の技術が結構伝達されていたと思いますが、このごろでは私が小学生のころの児童書にも載っていた「55×55」の計算方法が、「インド式」などともてはやされ、「なるほどインド式はすごい」などといわれる始末です。

さらに、こうした計算技術は「秘法」のように珍重されるばかりで、その背景といったもっと大切なものに目が向いていないのも実情でしょう。

そろそろ暗算を復権させ、その本当にすぐれた側面に気がついてもらう必要があるのではないかと考えて書いたのが本書です。

小・中学校で習う計算の背景に目を向けて、算数・数学を理解する基礎を作りたい人、勉強している我が子にヒントを与えたい人、日頃見る数字について四則演算くらいはすらすらこなしてその意味を理解したい人に向けて、私は本書を書きました。

「指示通りの手順を覚え真似(まね)るだけの筆算」から「背景を理解すればすばやくすらすらできる暗算へ」。

これがスローガンです。

私は塾などで、できる子どもからできない子どもまでたくさんの生徒を教えてきましたが、できる子どもとできない子どもの極端な違いの1つは、暗算ができるかどうかです。

かたや頭の中ですらすらと計算をこなし、その背後のしくみを体感し、暗算が身についた技能となっています。

一方、筆算しかできず暗算ができない子どもは、筆算の方法として教師が教え込んだことを忠実に遂行するだけで、応用力がついていません。

一例を挙げれば、79＋146のような計算をするとき、筆算しかできない子どもは次のように計算することしかできないのです。

```
    7 9
+) 1 4 6
   1 1
   225
```

つまり、1の位の9と6をそろえて書いて足すと15になるから、繰り上がった1を左上に書いておく。そして、10の位の7と4と1を足して12と出し、これも繰り上がった1を左上に書く。

最後に100の位の1と1を足して2と出す。これで、225と答えが出るわけです。

暗算派はどうでしょうか？

たとえば7と14にすぐに目がいって、これは70と140を足すことだから210。次に9と6をすばやく頭の中で足して15。それらを足して225と出します。

さらには、79を80−1のことだと理解して（背景を見抜いて）146にまず80を足して226。これから1を引いて225というように、あっさりと計算してしまう人もいます。

いいかえれば、筆算派は、1桁の足し算を3回やってそれを筆記するという指示に従うことで答えを出すのに対し、暗算派は数のしくみ（10進法や交換・結合の法則）を見抜いてすばやく、それもいろいろな方法で答えを出す工夫をしているのです（2つの別の方法で出せば検算にさえなります）。

ではここまで読まれたあなたは、筆算派に賛成でしょうか、それとも暗算派に賛成でしょうか。

実はこの問いは無意味な問いかけなのです。

筆算には筆算の意義があります。ひとまず、どんな場合にも通用する一般的なお手本を知ろうということです。ですから、初期の段階で筆算を訓練させることは悪いことではありません。というより、筆算ができないのでは困りものなのです。

しかし、それ以上のレベルになろうと思ったら、暗算は不可欠です。それは次の3つの理由によります。

① 筆算は教師主導の、手順を真似る受動的な学習であるのに対して、暗算は数や計算のしくみを考える能動性を必要とするので、工夫を重ねるうちに自然と数のしくみが理解できる。またそうした数の背景に興味を持つことができる。

② 暗算は頭の中で数やイメージを操る作業なので、全体を把握しやすくなる。さらにこの全体を見ることが、洞察力を働かせる頭脳（将来的にとても大切）を養うことにつながっていく。

③ 暗算は筆算とは比べ物にならないほど速い。そのためあとで複雑な概念を習ったり、難しい問題を解くと

き、大切なポイントに集中できる（逆にいえば、筆算しかできない子どもを見ていると、複合問題を解かせた場合に計算に時間をとられたり気をとられたりするので、教師が教えたいと思っている一番大切なポイントに集中できない。頭の半分が計算に気をとられていては、大事なことに気が向かないのである）。

以上のような理由です。

私はかねて、学習には段階があると思っています。

教師主導で勉強の習慣を身につけさせ、お手本を教え込んで生徒に真似させる第1の段階。これは無論大切です。

しかし、それ以上の学力をつけるためには、生徒が自ら参加し、考え、試行錯誤しながら次第に全体を把握する力を身につける段階が必要です。これが第2段階です。

筆算はなるほど第1段階において大切でしょう。しかし、第2の段階では暗算がずっと大切になってくるのです。

では、なぜ現在暗算はかくも軽視されているのでしょうか？

その答えは簡単です。

大多数を占める公立小学校では、一定の割合で親から算数の学習についてまったくかまってもらえず、100までの数を数えることすらあやふやな子どもがいます。

公立小学校の教師は、このような子どもたちを預かって彼らの学力を上げなければなりません。ですから公立小学校の使命として、教師たちは第1段階、つまり「生徒に学習を習慣づけさせ、きっちりと真似させる」ことにほとんどの力を奪われてしまうのです。

そのためには、きっちりとした文字を書くことを教え、繰り返しを重んじ、ちゃんということを聞かせてノートもとらせ、ノートをチェックしなければなりません。さらにクラスでは平等性も重んじなければなりませんから、筆算はすでにマスターし暗算も習得させたい段階の子どもにさえ、「暗算しちゃだめ」などという困った指示が下されることが多いのが実情です。

つまり、一言でいえば、筆算は第1段階のもの、暗算は第2段階のもので用途が違うのですが、学校教育は多くの生徒を一律に教えなければならないために、指導を第1段階までに特化してしまったということです。

困ったことに、塾教育でも同じようなことが行なわれていて、さすがに計算について暗算はだめだとは言わないでしょうが、応用問題については第1段階を卒業した生徒も第１段階ができない生徒も一律に、「式と過程を詳しく書け」「きちんとノートをとれ」「線分や面積の図を描け」などと教え込んでいるようです。

こうした教育が害を及ぼしているのはどのような人たちでしょうか？

それは、きっちりと第１段階を卒業してその上に行かねばならないのに、いつまでたっても第１段階の勉強方法を強制される子どもたちでしょう。

最後に一言「計算」という概念についてふれておきます。一般には「計算」とはいくつかの文字を演算の記号で結び合わせたものを、より簡単な数にする操作をさします。

しかし、本書では「計算」をそれよりは広義に捉え、たとえば連立方程式を解いたり、座標平面上の三角形の面積を求める方法についても、これを「計算」として捉えています。

いずれにせよ、問題に取り組むことを通じて、数や演算の法則性が体得されるようなシンプルな例を中心にしました。中学入試で出される複雑な計算問題のように、「計算のための計算問題」は載せていません。

また、特に発展性のある計算の話題についてもいくつか取り上げてみました。そうした難しいレベルの計算の項目には☆印をつけておきました。

では、さっそく本文へと進んで、いままで意味がわからずにただ解いていた計算が、背景がわかるとすばやくすらすらと解けるようになるという快感を味わってみてください。

問題数は本書だけではやや足りないと思いますので、次のサイトに、各章に対応する問題と解答を載せました。

https://www.php.co.jp/books/anzan/

苦手な箇所や、もっとやってみたい箇所などを学習するときにお使いください（書物にこうした工夫ができるのも、インターネット社会になったからこそですね）。

暗算力

目次

第1章
知恵としての素朴な暗算

第２章

数学的法則の背景を体感する暗算

第３章
文字式の計算（中学校レベル）

第１章

知恵としての素朴な暗算

ある秀才教室で教えていたときのこと、ふと思いついて、「736－548 を君たちはどうやるかな？」と訊きました。するとほとんどの生徒が「188」と即答し、「700－500 は 200、48－36 は 12。200－12 で 188」というように出したというのです。

そこで私は訊きました。「それを君たちはどこかで習ったの？　学校では習わないよね」

すると彼らは悩みだし、「学校で習ったわけでもない、塾でも習わなかった、本で読んだわけでもない、ただ、たくさん計算練習をする過程で、そうするのが一番速いので自然とそうなった」という結論にほぼ全員が達しました。まるでゲームの攻略のように技を自分で編み出したら、みな同じような「攻略法」に達したわけです。

こうした、誰にも習わないが自分で編み出す技のようなものがあり、その「知恵」とでも呼ぶべきストックが数学力をきわめて強く規定するのだと私は思います。

本来こうした「知恵」は自分で編み出すもの。でも他人の技を知りたいというのも人情でしょう。第１章ではこうした技の一端をお見せすることにします。

1．79＋47をどう計算するか
――暗算はいろいろな方法で

足し算にはいろいろなやり方があります。

79＋47 を暗算するのにも、ごく基本的な足し算であるにもかかわらず、いろいろな方法をとる人がいます。

たとえば、もっとも単純なところでは、79 にまず 40 を足します。まず 79 という数を意識してください。

この数を 40 増やしても 1 の位の数は 9 のままですから、70 に 40 を足す感覚でまず 119 とします。この 119 に 7 を足して 126、と答えを出すわけです。

別のやり方もあります。似た方法ですが、まず 10 の位同士を足して（70＋40 を計算して）110 と出します。次に、9 と 7 を足して 16 と出し、最後に 110 と 16 とを足して 126 と答えを出します。

上の 2 つの例を見てもわかる通り、筆算では 1 の位の数同士から足していくのですが、暗算ではたいていの人は大きい位の数から足していきます。

これはそのほうが答えとなる数のおよその値をすばやく意識できるからです。

ではこの項目の最後に、別の方法を 2 つ紹介しましょう。

1つの方法は79を80－1と考えて、47に80を足して1を引く方法です。127－1で126とすぐに出ます。

もう1つは、47から79に1を貸して46+80を計算するイメージです。こちらでも126がすぐに出ます。

暗算の達人は、こうしたいろいろな方法をすべて試したことがあって、もっとも効果的な方法を問題によって選び出します。また、常に複数の方法で暗算をするために、ケアレスミスはむしろ少なくなるものなのです。

では、いくつか問題を出しますので、暗算で挑戦してみましょう。

【練習問題】

59＋76＝

47＋56＝

68＋98＝

147＋48＝

37＋87＝

49＋88＝

376＋26＝

379＋495＝

2．589＋762をどう計算するか
——交換・結合の法則

前の項目の2桁（けた）の足し算が3桁同士になっただけのようですが、3桁以上になると結構頭が混乱する人も少なくありません。

こうしたときは好きな方法を自分で決めておくとよいでしょう。

589は500＋80＋9、762は700＋60＋2で、こうして出てきた6つの数をどの順番で足しても構わないのです。

足し算だけの計算はどのような順番で足しても構わない……これは、交換法則と結合法則で保証されています。また、そうした難しいことをいわなくとも、数を寄せ集めるだけならどの順番で寄せ集めてもよいことは感覚的にわかりますね。

そこで、

（1）589 → 1289 → 1349 → 1351

（589に700，60，2を順番に足していった）

（2）1200，140，11を順番に足して1351と出した。

（500＋700，80＋60，9＋2を順に計算した）

はどちらも正当な方法ですし、

（3）58＋76で134と出し、0をつけて1340とした。あとは9と2で11だから1340＋11で1351と出した。

これもよい方法です。

私自身が3桁＋3桁の計算をするときは、そのときどきの気分で上記の3種のやり方の中から2通りほど勝手に選び計算し、答えが合っていることを確かめて安心します。

もちろん、589はあと11で600であることがすぐひらめけば、762に600を足して1362、これから11を引いて、1351と出すこともできます。

答えを出したら、1の位が合っているかどうか、いつでも確認する癖（くせ）をつけましょう。答えがうっかり1352になっていたりしたら大変です。9+2の1の位は1ですから、答えの1の位は1以外になりようがないのです。

【練習問題】

358＋492＝

762＋973＝

369＋829＝

678＋456＝

779＋675＝

3．398＋567をどう計算するか
——きりのよい数

私たちが普通の計算をするとき、そこで用いられている数のしくみは10進法と呼ばれます。

10大きくなると、位が1つ進む……こうしたしくみで私たちはものを数えているのです。

そのために、10とか100とか1000のような数はきりがよい数で、大変計算しやすくなっています。

637などという数は「半端」な数に思えますが、700だときりがよく思える。1000＋356だと1356と一発で出るが、957＋356となると数が半端なだけに計算しにくくなるのです。

そこで標題の398＋567を考えてみましょう。

どちらも一見たいそう半端な数に思えますから、計算しにくそうです。

しかし、398が400という「きりのよい数」にきわめて近いことを考えてみてください。

400＋567であれば967と一発で答えが出るわけですね。

そこで、398＋567は400＋567－2として暗算するとよいということがわかります。答えは965です。

このように計算は10進法できりのよい数を利用して行なうと、すらすら進むことが多いものです。

たとえば、99＋298＋197を計算するときには、きりのよい100と300と200を足して600とし、あとからよけいに足してしまった1と2と3（合計6）をまとめて引いて、594と出すとよいでしょう。

余談ですが、九九の9の段は、9 18 27 36 45 54 63 72 81ですから、1の位だけを見ると9 8 7 6 5 4 3 2 1……というように1ずつ減っています。

これは9を足すということは10を足してから1を引くことと同じであるからです。

【練習問題】

599＋463＝

749＋489＝

294＋1312＝

466＋597＝

399＋399＋398＝

999＋99＋9＝

4．1000－632をどう計算するか
——おつりの計算

引き算に移ります。標題の計算はお店で買い物をしておつりをもらうときによく出てくる計算です。

ですから昔まだレジなどのなかった商店の人は、こういう計算にすこぶる強かったようです。

では、説明をしましょう。同じようなことですが、3通りの説明をしますので、自分の好きなイメージで理解してください。

（1）999－632ならば繰り下がりがないので簡単だ。

その場合には367となるので、それに1を足した368が答え。

（2）1000を「9百9十と10」と考えておく。百の位は9から6を引いて3。十の位は9から3を引いて6。一の位は10から2を引いて8。だから答えは368。

ちなみに子どもたちはこれを教えると、「ああ、9，9，10の法則ね」などと言いながら、すぐに覚えるものです。

しかし、私自身はといえばむしろ次のようにすることが多いのです。

（3）1000－632のうち、632のほうを主役と見ます。

「632 はあといくつで 1000 になるでしょうか」という感覚で考えます。

すると 300 を足せば百の位が 900 台になり、60 を足せば十の位も 90 台になり、ここまでで 360 必要です。

あとはこうして 992 まできましたから、あとは 8 足せばよろしい。

というわけで右の図のようなイメージで、368 と出すわけです。

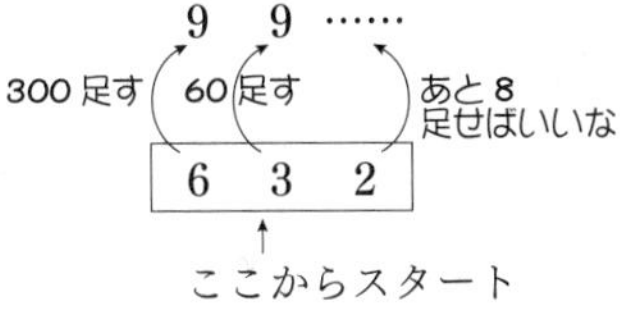

9 9 ……
300 足す 60 足す あと 8 足せばいいな
6 3 2
ここからスタート

この「おつりの出し方」はたとえば 800－347 のような場合にも応用が利きます。つまり、まず 3 を 7 にするために 400、4 を 9 にするために 50、最後に 7 を 10 にするために 3 が必要ですから、453 が答えになるわけです。

【練習問題】

1000－387＝	700－252＝
1000－276＝	800－329＝
10000－3726＝	500－205＝
10000－568＝	1－0.263＝
10000－1092＝	

5．1316－598をどう計算するか
──わざとよけいに引く

「きりのよい数」はもちろん引き算でも大活躍します。前項の1000－○○○という計算は「引かれる数」がきりのよい数であったわけですが、今度は「引く数」のほうが「きりのよい数」に近い場合について調べてみましょう。

そこで、標題の1316－598を考えてみてください。

もしも、1316－600だったら話は簡単ですね。

1300から600を引いて700。この計算では下2桁の16はそのまま残りますから、さっと716が出ます。

しかし、これでは598を引いたことにはなりません。

実は2だけよけいに「引きすぎて」いますよね。

そこで、引きすぎてしまった2を元に戻して、718が1316－598の答えになります。

さて、これを計算の手続きの上から考えると、

（1）1316－598

→　わざと598を600として1316－600を計算（わざとよけいに引く）して716

→　引きすぎた2を元に戻して718

イメージとしては、

（2）「1316個のおはじきを持っているときに、598個あげるのと、600個あげてから2個返してもらうのとでは結果的に同じことだもんな」というふうになります。

では式の上ではどうなるのでしょうか。実は、

（3）$1316-598=1316-(600-2)$

$=1316-600+2$

$=716+2=718$

と計算したことになります。

つまり「わざとよけいに引く」計算とは、（　）の中にさらに引き算があるものを引いたとき、$-(x-y)$ の形では、括弧（かっこ）を外せば$-x+y$の形になることを意味しています。

「引きすぎ」の計算がすんなりとできる人は、こうしたしくみが自然とわかっていることになりますね。

【練習問題】

$1341-298=$

$796-199=$

$1281-189=$

$3.24-0.98=$

$5.12-3.96=$

6．1012－676をどう計算するか
――引き算と距離（「山登りの引き算」）

引き算は足し算の逆算です。そこで標題の問題は、「1012から676を取り去るには……」と考えるより、676を主役にして「676にいくつ足せば1012になるのかな？」という足し算の発想で考えるとよいのです。

いわば、1012から676へと主役を交代した視点で眺めるわけですね。

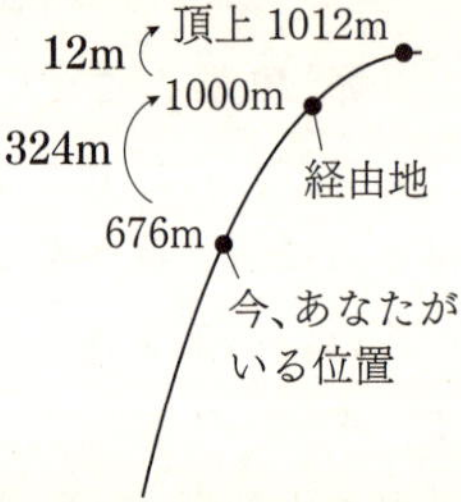

右の図を見てください。

標高676mの地点から1012mの地点まで登るには何mの標高差を登らなければならないのでしょうか？

12m
頂上 1012m
1000m
324m
経由地
676m
今、あなたがいる位置

すると、676mの地点からまず経由する1000mの地点までが前の問題の要領で、324m。あと12mなので、頂上までの標高差は、324＋12の336mです。

つまり、1012－676＝336です。

これは見方を変えていえば、次の図のような数直線で、676を表す点と、1012を表す点との距離を考えたことになります。

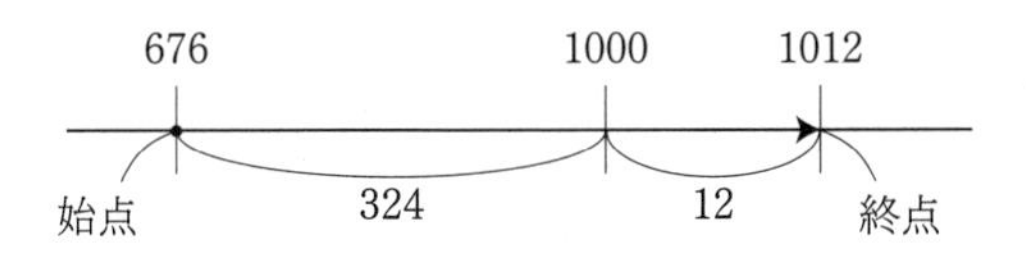

そのために、途中にきりのよい数である1000を経由地点としておいたわけですね。

このように、引き算という概念は距離という概念と密接な関係を持っています。また、上の図のように676という点を出発点（始点）とし、1012を終点とする矢印のことだと考えることもできます。

こうした考え方を体得すると、高校段階の、［右図の点A、点Bの位置ベクトルを $\vec{a}$, $\vec{b}$ とするとき、$\vec{b}-\vec{a}$ は始点がA、終点がB］という理解が感覚的にも容易になるでしょう。

始点
A
($\vec{a}$)
終点
B
($\vec{b}$)

【練習問題】

912－689＝　　　1025－788＝

724－569＝　　　10036－987＝

1036－784＝　　　10021－2779＝

ある日の夜10時38分から次の日の朝の6時23分までは何時間何分ですか。

7．827－339をどう計算するか
──「強い弱いの引き算」

お話の形式でこの引き算を説明しましょう。

A君は827個のおはじきを、Bさんは339個のおはじきを持っていて、どちらが何個多いかを比べます。

そこで、2人は次のようにおはじきを並べました。

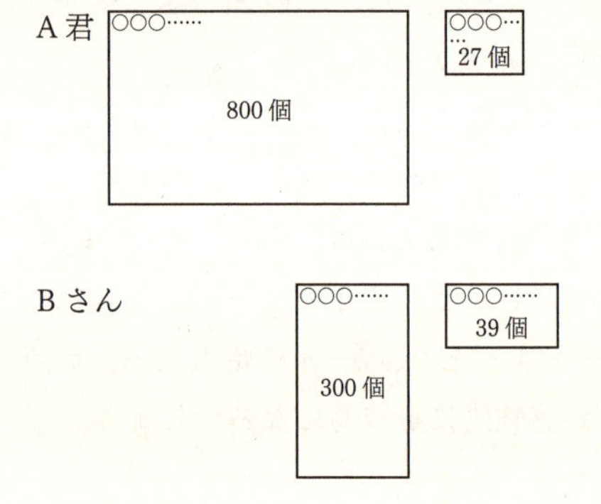

こうしておいてから、まず800個と300個とを比べました。

双方300個ずつ脇にどけるとA君にだけ500個残ります。「500個おれの勝ちね」とA君は思いました。

次に、27個と39個とを比べ、27個ずつ脇にどけると、今度はBさんのほうに12個残ります。

「おやおや、今度は12個の負けか」とA君は思います。

最後に、残った500個と12個とを比べると、12個ずつどけた時点で、A君に488個残り、Bさんはなくなりました。

まとめると次のようになります。

Aの827とBの339を比べるのに、まず百の位で見るとAはBよりも500強い。ところが、末尾の2桁では、逆にBがAより12強い。そこで、最後の決戦で、500と12を比べて、500は12より488強い……と出すわけです。

以上、感覚的な表現をしましたが、式の上では次のようになります。

$$
\begin{aligned}
827-339&=(800+27)-(300+39)\\
&=(800-300)-(39-27)\\
&=500-12=488
\end{aligned}
$$

式の途中で、27を−(……−27)のように、直しているところが技巧的ですね。こうした技巧を意識しなくとも、暗算ではそれを自然に行なっていることになります。

ちなみに、この計算は「同じ数ずつ切り捨てていく」という考え方と似ています。このイメージで行なうと

827 と 339　→（300 ずつ引いて）527 と 39

→（27 ずつ引いて）500 と 12

そして最後に 500－12 で 488 と出すわけです。

【練習問題】

912－714＝

345－57＝

636－357＝

523－435＝

1542－656＝

726－339＝

12233－9344＝

コラム　暗算迫害（?）史

現在、学校教育では暗算を敬遠気味で、うっかりすると「暗算はミスしやすいからダメ」「ちゃんときれいな字で筆算なさい」と先生にお目玉を食らいます。

実はいまから数十年前に、数学者の遠山啓氏らが「水道方式」という計算方式を提唱し、小学校の先生の多くが支持しました。いまではその主張の一部は公教育の中にもさりげなく取り入れられています。

その「水道方式」は、当時主流であった「暗算」を自然で体系的な理解を阻害するとして批判し、位取りのある足し算や引き算を、あたかも「水道の水が流れるように」系統化、体系化（パターン化）して教えるという側面を持っていました。

この方式は、「いきなり暗算」にはついていけない生徒には「手取り足取り」の親切な特効薬でした。だから「できない子」を多く抱えている現場の先生には受けがよかったのです。しかし、それ以上の工夫をさせないので、上位層には不向きだったともいえます。

この「水道方式」に対する賛否が議論になってからしばらくして、自然と暗算は廃れていき、学校教育では「ガチガチの筆算」が主流になっていったわけですが、いまでは逆に暗算を啓蒙してバランスを取らねばならない時代になったのは、やや皮肉な話だと思います。

8．364－(273－136)をどう計算するか
――順番・組合せを考えて

3つ以上の項の足し算や引き算をする場合には、項の組合せを考えるのがよいでしょう。

たとえば、72＋356＋128 を計算する場合に、はじめから律儀(りちぎ)に足していったのでは大変です。

ざっと見渡して 72＋128 が 200 であることを見抜ければ、あとは 200 と 356 を足して 556 と出すことができます。

このように、足し算や引き算だけの式では、順番や組合せを考えて、より簡単そうな組合せを選ぶことが大切です（その背景にあるのは、足し算だけの式ならばどのような順番で足してもかまわないということを保証する交換法則と結合法則です）。

次にいくつかのタイプの例を出します。

（1） 356＋487＋644

これは上記の説明と同じで、まず 356 と 644 を足すと 1000 になることを見抜けば、1487 と出ます。うっかり 356＋487 を先にやったりすると大変です。

（2） 364－(273－136)

これは標題の例ですが、「計算は（　）の中から行な

う」という原則を忠実に守ると結構面倒です。

（ ）を外してしまって、364－273＋136としてから、364＋136を先に計算して500と出し、500から273を引いて227と出したほうがはるかに楽でしょう。

（3） 672－183－272

これは、まず672から272を引いて400と出し、400から183を引いて217とします。

（4） 672－183－117

前の問題と似ているようですが、この場合は、183と117をまとめて引きます。つまり、672－(183＋117)と考えるわけです。183＋117で300。これを672から引いて、372となります。

このように組合せのしかたはケースバイケースですが、原則としては、「きりのよい数」ができるように目配りをしていくわけですね。

【練習問題】

729＋438＋171＝

900－477－223＝

382－(309－218)＝

731－283－211＝

645－(455－283)＝

9．8.3－0.492をどう計算するか
——一瞬ぎょっとする小数の引き算

小数の足し算引き算も、いままでと同じように暗算できます。10進法では、小数の計算だけ計算法則が違うなどということはないのです。

しかし、経験的には、小数の引き算を出すと、わけがわからなくなって手がとまってしまう人が多いようです。

たとえば、次の計算はノータイムでできますか？

（1）10－0.04＝

（2）3.5－1.51＝

これで、ぐっとつまり「えーと、位をあわせると……」などという人は要するにわかっていないのです。

ちなみに（1）は1000－4と同じことで、答えは9.96です。あと0.96で1。それに1から10までで9と考えてもよいでしょう。

（2）は第7項「強い弱いの引き算」を応用すれば、2－0.01となるので、答えは1.99となります。

ここまでくれば、標題の8.3－0.492も楽なものでしょう。

8は0より8強い。

0.492は0.3より0.192強いのですから、最終的には8－0.192を計算することになり、答えは、
7.808と出てきます。

他にも例を挙げると、1.02－0.486であれば、
①第6項「山登りの引き算」を行なって、
0.486から1まで0.514。あと0.02と考えて、0.534と出してもよいし、
②「強い弱いの引き算」と考えて、
1－0.466を計算し、0.534と出してもよいわけです。

最後に、妙に人工的な問題ですが次の問題に正解したら、練習問題へと進んでください。

100－11.001＝

こうした問題は意味さえわかっていれば実に簡単なのですが、見ただけで嫌がる人も多いようです。

答えは、88.999です。

【練習問題】

1－0.72＝

10－0.72＝

2.72－0.74＝

3.16－1.32＝

7.07－1.08＝

50－19.189＝

8.5－3.607＝

10. 38×7をどう計算するか
――2桁×1桁……分配法則の素朴な応用

かけ算の暗算で、もっとも大切な法則は「分配法則」です。

具体的にいえば、標題の38×7は次のように考えられます。

$$
\begin{aligned}
38\times 7 &= (30+8)\times 7 \\
&= 30\times 7+8\times 7 \\
&= 210+56=266
\end{aligned}
$$

ひとまず右上の面積図も参考にして、式の流れを見てください。

要するに、豆粒38個のカタマリが、7つあるとき、豆粒の総数は、

30個のカタマリ7つ
8個のカタマリ7つ

に分けて、それぞれを数えてから合計してもよいということです。

具体的に暗算をするとき、もっとも特徴的なのは、七三21の210を頭の中に保存しておきながら、七八56を計算して両者をドッキングするということです。

つまり、計算は2段階に分かれるので、1段階目の計算結果を頭の中に保存したまま、2段階目の計算をしなければなりません。

これは慣れない人には厳しいことなのですが、いったんコツをつかむと面白いようにできるようになります。

慣れないうちは、12×7のように簡単なものからはじめ、次第に難しいものにも挑戦していくといいでしょう。

また、次のような利用方法もあるので、場合によって試してみてください。

（1）9をかける（10個分から1個分を引くと考える）

例　17×9＝17×(10－1)＝170－17＝153

　　28×9→280から28を引いて252

（2）39などをかける（40個分から1個分を引く）

例　39×7＝(40－1)×7＝280－7＝273

　　49×8→400から8を引いて392

【練習問題】

13×8＝　　63×9＝

19×7＝　　47×5＝

26×6＝　　58×7＝

38×4＝　　29×8＝

11. 395÷2をどう計算するか
——半分ということ（1）

2で割るというのは、一番やさしい割り算です。数を半分にするということです。

ところで、偶数を2で割るのは簡単ですが、奇数の処理はちょっと難しい。

8を2で割れば4ですが、7を2で割ると3.5になります。奇数だと2で割ったときに商が小数になるのです。

そこで標題のような395÷2は暗算ではどうするのかということですが、実は筆算と原理的には同じことをします。

① 395の3を2で割る……1だから100と考える。余りの1は繰り越す。

② 繰り越された百の位の1と十の位の9をあわせた19を2で割る……9だから、90と考える。余りの1は繰り越す。

③ 繰り越された十の位の1と一の位の5をドッキングした15を2で割る……7.5となる。

以上より、197.5が答えとなります。

前ページの計算手順を見てもわかる通り、上位の桁から順々に2で割っていき、奇数の場合は下位の桁に1繰り越すという作業を続けるだけです。

したがって、特に11，13，15，17，19といった2桁の奇数を2で割ったときに、すぐにぱっと出てくるかどうかがカギになるわけです。

慣れてくると、たとえば75839を2で割ったとき、

① 前の桁から1降りてくるかどうかの判断

② すばやく2で割る作業

の2つを組み合わせて、7，15，18，3，19を次々と2で割り、

3，7，9，1，9，5

という文字列がすぐに頭に浮かぶようになれば、これを、さん，なな，きゅう，いち，きゅう，ご と覚えてから、37919.5としてもよいでしょう。

【練習問題】

523÷2＝	13.7÷2＝
7117÷2＝	11.1÷2＝
9999÷2＝	5.07÷2＝
37865÷2＝	35.91÷2＝
91735÷2＝	

12. 54×15をどう計算するか
――半分ということ（2）

かけ算の場合、半分にするということは、「0.5をかける」ことと同じです。

ですから、54×0.5は54を半分にして27とすればよいので、これは5をかけてから1桁落とすよりもやさしいでしょう。

この応用問題を5タイプほど列挙してみます。

（1） 3.4×1.5

1.5倍するとは「自分自身とその半分とを足す」ということですから、3.4＋1.7＝5.1と出します。

（2） 54×15

これが標題ですが、54の10倍とその半分（54の5倍）を足せばよいのです。

540＋270＝810

となります。

（3） 42×0.15

これも同じことで、42に1.5をかけてから、位を1桁落とせばよいのです。

42＋21＝63 → 6.3

というような感覚で出します。

（4） 23×0.35

23×3.5を計算してから1桁落とします。

23を3倍すると69、23の半分は11.5。この2つを足すと、80.5です。これを1桁落として8.05と出します。

（5）54×0.55

0.55をかけるとは、「0.5倍」と「0.05倍」を足すということです。つまり、「半分と、半分を1桁落とした数を足す」ということになります。

そこで、27+2.7で、29.7と出します。

もちろん、まず54×55を考えて、54×5=270、270の位を1桁上げて2700。足して2970。桁を2つ落として29.7でもよいのですが。

暗算の基本はあくまで複数の方法を使うことです。

【練習問題】

74×1.5=

46×15=

92×0.15=

27×3.5=

62×0.55=

38×1.55=

13. 13×73をどう計算するか
——2桁×2桁……頭に数をとっておく

2桁×2桁の暗算は、暗算の花形です。

これがどのくらいすばやくできるかによって、暗算の力はほぼ正確に測れるといえるくらいです。

では、13×73のような計算はどのようにするのでしょうか？

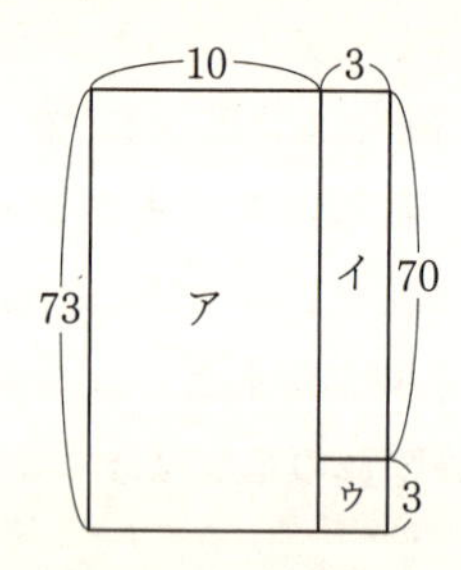

右の図を見てください。

これは、横13、たて73の長方形の面積、つまり、13×73を表しているものとします。

するとアの部分は730。これはすぐにわかります。

次にイの部分は210。ウの部分は9となります。

これらをすべて足すと、答えが949と出るわけです。

その際、私は頭の中で次のように考えています。

① 73が10個でまず730

② 730を頭の中にとっておきながら次の計算に進む

③ 残りは73が3個

④ 73×3がいっぺんに219と出る人はそれでよし。

出なければ、3×70で210、をさらに頭の中にとって

おいて、3×3の9とくっつけ（合計し）219と出す

⑤　最後に730＋219を頭の中で計算し949

説明のために長く書きましたが、これをきわめて速いスピードで行ないます。

ちなみに47×83だったらどうでしょうか？

これは少し難しくなります。83が50個で4150。これから83が3個の249を引いて（250を引いて1を足せばよい）3901と出します。

一般に、計算しやすい組合せを探すのがコツで、上の例だと、47×80＋47×3ならそれほど大変ではありませんが、83×40と83×7に分解するとやや大変になるかもしれません。

そうした複雑な暗算の際に、頭の中に数をとっておけるかどうかが、カギになるわけです。

【練習問題】

74×12＝

86×11＝

73×16＝

69×51＝

48×22＝

43×24＝

14. 75×32をどう計算するか
── 素因数分解以前

足し算のとき、746+38 を 746+30+8 というように 38 を 30 と 8 に分けて 2 段階に足します。

これと同様に、かけ算でも 2 段階に分解するとよい例が少なくありません。

たとえば、標題の例では、

75=3×5×5　32=2×2×2×2×2

ですから、これらをすべてかけて、

3×5×5×2×2×2×2×2

=3×2×2×2×(2×5)×(2×5)

=24×10×10=2400

としてもよいわけです。

しかし、この場合、75 や 32 をとことん素因数分解（素数の積に分解すること）してしまうのでは、かえって効率が悪いでしょう。

では、実際にはどうするのかというと……

（例 1）75×2×16 と考えて、150×16 と直し、さらに 150×2×8 と直して、300×8 を計算し 2400 と出す。

（例 2）はじめから 75×4 が 300 であることを知ってい

れば、$75 \times 4 \times 8 = 300 \times 8 = 2400$ とすぐ出る。

（例3）$25 \times 4 = 100$ が基本だと知っていれば、

$75 = 3 \times 25$　$32 = 4 \times 8$ として、三八24に0を2つ付け加えて、2400とする。

暗算に慣れた人は、以上のどれかですぐに答えを出すはずです。

ちなみに、この方式は、整数×整数で、どちらか一方の末尾が5、他方が偶数の場合によく用いられます。

$5 \times 2 = 10$ となること（きりのよい数が出てくること）を利用しているわけです。

たとえば、26×35 は26を半分、35を2倍にしてかけた 13×70 と同じなので、910とすぐに出てきます。

また慣れる過程で、$25 \times 4 = 100$、$75 \times 4 = 300$、$125 \times 8 = 1000$ などが頻繁（ひんぱん）に出てきますから、こうしたかけ算はほとんど覚えてしまって、それを利用している人が多いでしょう。

【練習問題】

$24 \times 45 =$	$3.5 \times 16 =$
$18 \times 35 =$	$7.5 \times 52 =$
$65 \times 42 =$	$56 \times 12.5 =$
$125 \times 28 =$	

15. 3.5÷140をどう計算するか
――割り算は分数

整数の四則演算は、整数の中だけでは完結しません。整数＋整数、整数－整数、整数×整数……この3つは答えも整数になるのですが、整数÷整数は整数になるとは限りません。

そのために分数という表記方法が必要になりました。

いわば、分数は「割り算から生まれた数」とも呼ぶべきもので、そのために、計算では割り算は分数と結びつけて考えるとよいことが多いのです。

たとえば標題の例を「筆算の手法で頭の中に思い浮かべる」ことは結構大変です。

しかし、「割り算は分数」という標語の意味をしっかりと理解し、割り算を分数に直す癖さえついていれば、きわめて楽な問題です。

暗算による、いくつかのやり方を示してみましょう。

（1）まず、$\frac{3.5}{140}$と分数に直します。次に、分母分子に2をかけて（約分の反対の倍分をして）$\frac{7}{280}$とします。さらに、約分して$\frac{1}{40}$とするわけです。

これで答えとしても間違いではないのですが、さらに小数に直すことを考えましょう。

（2）$\frac{1}{40}$の分母分子を2.5倍して、$\frac{2.5}{100}$とすれば、答えは0.025とすぐにわかりますね。

分母を100にしたところがポイントです。やはりきりのよい数はここでも有効なのです。

（3）暗算に慣れてくると、3.5÷140の「割る数」「割られる数」を2倍して、7÷280→1÷40と直したり、逆に3.5の40倍が140であることをすばやく見抜いて$\frac{1}{40}$を出したりすることもできます。さらに、$\frac{1}{40}$をすばやく、$\frac{1}{4}\times\frac{1}{10}$と直し、0.25を1桁落として0.025とするような芸当も可能になるのです。

【練習問題】

9÷12＝

8÷40＝

1.4÷5.6＝

7.2÷16＝

13÷10.4＝

8÷2.5＝

9.9÷7.2＝

1.8÷72＝

16. 37÷0.2をどう計算するか
──小数と分数の変換（1）

÷0.5，÷0.2，÷0.25といった計算をする場合には、まともに割り算を敢行しないほうがよく、それぞれ、

$\div 0.5 \rightarrow \times 2 \qquad \div 0.2 \rightarrow \times 5 \qquad \div 0.25 \rightarrow \times 4$

として暗算したほうがはるかに速いでしょう。

これはそれぞれ小数を分数に直して、

$\div 0.5 \rightarrow \div \frac{1}{2} \qquad \div 0.2 \rightarrow \div \frac{1}{5} \qquad \div 0.25 \rightarrow \div \frac{1}{4}$

と変形してみれば、「分数で割るときはその逆数をかける」という法則を適用してすぐにわかることです。また、たとえば5÷0.25のような場合には、

$0.25 \xrightarrow{4倍} 1 \xrightarrow{5倍} 5$ ……　あわせて20倍

のような感覚でもすぐにわかることです。

標題の場合には37÷0.2だから、37を即座に5倍して、185と出せばよいのです。

3.7÷0.5ならば、3.7を2倍して7.4ですし、

5.26÷0.25であれば、5.26×4で21.04といった具合です（ちなみに5.26×4は五四20に0.25の4倍つまり1を足し、最後に0.01の4倍の0.04を足します）。

このように割る数を分数に直してから計算する方法は

割る数が上記のように特別な数の場合に特に有効ですが、以下の（1）～（3）のように必ずしも分数を使う方法が最善とは限らないので、いろいろな方法に慣れておくほうがよいでしょう。たとえば、

（1） 2.1÷0.35は（0.35を主役にして考えると）0.35を2倍して0.7、さらに3倍して2.1だから、2×3で6としたほうが速いし、

（2） 64.05÷0.21は0.21の300倍で63。残りの1.05を普通に0.21で割って5。あわせて305としたほうがよい。

（3） 0.39÷0.65のような場合には、

39÷65 →（13で「約分」して）3÷5→0.6

とするのが速そうです。

何が何でも分数に直すのはやや効率が悪いのです。

【練習問題】

3.7÷0.5＝　　3.6÷0.2＝

579÷0.2＝　　3.7÷0.2＝

3.6÷0.05＝　　58.5÷0.45＝

0.02÷0.25＝　　69.02÷1.7＝

5.56÷0.5＝

17．21÷3.75をどう計算するか
――小数と分数の変換（2）

0.2，0.5，0.25 以外に特別な小数はないでしょうか。

実は、0.75，0.125，0.375，0.625，0.875，0.4，0.6 などがそれにあたります。

みな、4，8，5 を分母とする分数です。

$$0.75=\frac{3}{4}\quad 0.125=\frac{1}{8}\quad 0.375=\frac{3}{8}\quad 0.625=\frac{5}{8}$$

$$0.875=\frac{7}{8}\quad 0.4=\frac{2}{5}\quad 0.6=\frac{3}{5}$$

したがって、それらの数で割るときには、小数を分数に直してから逆数をかけるとよいのです。

しかし、経験上は、0.375，0.625，0.875 など 8 が分母の分数は覚えにくいものです。

そこで 2 つのことを注意しておきましょう。

（1） 1 つは、0.125 が $\frac{1}{8}$ であることさえ覚えてしまえば、

$$0.625=0.5+0.125=\frac{1}{2}+\frac{1}{8}=\frac{5}{8}$$

$$0.875=1-0.125=1-\frac{1}{8}=\frac{7}{8}$$

として、導くことができることです。

（2） 2つ目は、10進法で表された小数は、分数に直したとき、必ず分母が10の何乗かになっており、それを約分してから分母を素因数分解しても2と5しか出てこないということです。ですから、覚えるべき分数は2, 4, 8, 5を分母とする上記くらいで十分。これくらいで十分なら覚える元気も出てこようというものです。また、$\frac{1}{8}$は$\frac{1}{2}$を3回かけたものなので、1の半分の0.5、その半分で0.25、さらに半分で0.125、などとしても求めることができます。

さて、標題の21÷3.75は2通りのやり方があります。

（1）$21 \div 3\frac{3}{4} = 21 \div \frac{15}{4} = 21 \times \frac{4}{15} = \frac{28}{5} = 5.6$

（2）$21 \div 0.375 = 21 \div \frac{3}{8} = 21 \times \frac{8}{3} = 56$　これを1桁落として5.6とする。

好きなほうのやり方でできればよいでしょう。

【練習問題】

15÷0.625＝　　49÷87.5＝

21÷8.75＝　　21÷12.5＝

300÷37.5＝

18. 7.2÷0.18をどう計算するか
――2段階の割り算

まず、標題の 7.2÷0.18 をやってみます。

引き算が足し算の逆算であるのと同じように、割り算はかけ算の逆算ですから、0.18 を主役にして、これを何倍すると7.2になるかという感覚で見るとよいでしょう。

すると、

$$0.18 \xrightarrow[10倍]{} 1.8 \xrightarrow[4倍]{} 7.2$$

$$0.18 \xrightarrow[4倍]{} 0.72 \xrightarrow[10倍]{} 7.2$$

というどちらかの（同じことですが）プロセスを経て答えは 40 倍となります。

もちろん、72÷18＝4 がもとになり、それに小数点の操作をして 40 と出してもよいのですが、数の感覚がないと小数点の操作を間違えて 0.4 などというあらぬ答えを出す人が結構います。

大きい数をより小さな数で割って、答えが 1 より小さくなるわけがないのですが、こういう素朴な間違いをする人は、数の感覚が身についていないのです。

そこで、こうした計算に慣れてきたら、まず答えが 1

桁の数なのか、2桁の数なのか（数十くらいなのか）、はたまた小数なのかくらいの見当はつけましょう。

そうすれば、72÷18で4としたあとで、「答えは数十くらいだから40だな」というような計算も可能です。

しかし、はじめのうちはこのように、「割る数」を主役にしてそれを2段階で何倍かしていくと間違いは少なくなります。

同じように「割る数」を主役にしてその何倍かを考えていくとよい問題を挙げてみましょう。

（1） 5.4÷0.15

$0.15 \xrightarrow[2倍]{} 0.3 \xrightarrow[18倍]{} 5.4$ …… 答えは36

（2） 1.17÷0.18

$0.18 \xrightarrow[5倍]{} 0.9 \xrightarrow[1.3倍]{} 1.17$ …… 答えは6.5

0.3，0.9が見通しのよい中継地点になっていることがわかりますね。

【練習問題】

7÷0.14＝ 27÷0.15＝

52÷1.3＝ 1.8÷2.25＝

0.9÷45＝

19. 1134÷42をどう計算するか
――約分感覚の割り算

これもいってみれば何段階かの割り算です。

たとえば272÷16をするときに（このくらいならいっぺんにできる人もいるでしょうが）16で割ることを、2で割って2で割って2で割って2で割ることだと考えることもできます（4回2で割る）。

すると、272→136→68→34→17と4回半分にする操作をして、答えは17と出ます。

ところで、このような割り算は本質的には約分です。

上記の方法は、いわば272÷16を分数に直してから、4回2で約分したのと同じことです。すなわち、これは「約分感覚」なのです。

ではどのような場合に、このような手法が有効なのでしょうか？

それは主に、「割る数」が1桁×1桁（すなわち九九の答え）になっている場合です。

標題の例ですが、42＝6×7です。一般に1桁の数で割る割り算はやりやすいので、「42で割る」を「6で割ってから7で割る」と2段階に直します（6で約分してから7で約分します）。

$1134 \div 42 \rightarrow 189 \div 7 \rightarrow 27$

のようにして、答えは27になります。

また、次のようにやや複雑な例になってくると、これはもうさっさと分数に直して約分するしかありません。

$39 \div 84 \div 52 \times 28$

この場合は、分母（下）に84と52がきて、分子（上）に39と28がくることをイメージし、約分できそうなよい組合せを考えます。

すると、28と84で約分して下に3が残り、39と52で約分して上に3が、下に4が残りますから、最後に上と下の3を消して、分母が4、分子が1となります。

答えは「$\frac{1}{4}$」でも0.25でもよいでしょう。

【練習問題】

$1085 \div 35 =$

$3006 \div 18 =$

$3213 \div 63 =$

$5616 \div 48 =$

$72 \times 39 \div 117 =$

$35 \div 133 \times 418 =$

$51 \div 4 \div 221 \times 39 =$

20. 30÷21をどう計算するか
――割り切れるか割り切れないかの判別

実は、標題の30÷21を筆算でして、いくら割り切ろうとしても割り切ることはできません。

1.428571428571428571……

というように、１４２８５７という文字列が無限に続いていくだけです。

このように循環する小数のことを循環小数と呼びます。

すると、どのような割り算が循環小数になり、どのような割り算が割り切れるかという判定が重要な関心事になります。

なぜならば、上記のような割り算を「割り切れるのではないかと思い込んだまま」計算したのではたまらないからです。

そこである割り算が割り切れるかどうかを判定する方法を考えてみましょう。

すると、もし割り切れるのであれば、分母を

10　100　1000　10000　……

といった、きりのよい整数にできることがわかりますね。

10は2×5で上記の分母はすべてそれを何回かかけた数ですから、約分をしたあとでも分母に2と5以外の数は出てきません。

そこで、「ある割り算が割り切れるためには、それを分数に直して整数分の整数の形にして約分しきったとき、分母を素因数分解した形の中に2と5以外の数が含まれていないことが必要」となります。

逆に分母に2と5しか含まれていなければ、その数は必ず有限の小数で表すことができます。

約分しきるというところがミソで、たとえば21÷24は$\frac{21}{24}$で一見$\frac{3\times7}{3\times2\times2\times2}$で分母に3があるようですが約分すれば$\frac{7}{8}$ですから分母は2×2×2で「2と5以外」は出てきません。したがって小数に直せます。

昔、中学入試で次のような問題が出たことがありました。

「$\frac{3\times7}{2\times2\times2\times2\times5}$を小数に直すと小数点以下何桁の数になるか」

これは分母と分子にともに5×5×5をかけることによって分母が10000（2×5のセットが4つ）になりますから、「小数点以下4桁になる」というのが答えになります。

それでは、この考え方を利用して、1÷625を即答できますか？

これは $\frac{1}{5\times5\times5\times5}=\frac{2\times2\times2\times2}{5\times5\times5\times5\times2\times2\times2\times2}=\frac{16}{10000}$ とすれば、暗算でも出ます。

そのためには、$5^2=25$, $5^3=125$, $5^4=625$ などを一度は計算して眺めておくとよさそうですね（無理に覚える必要はないが何回も経験すると自然に覚えそう）。

【練習問題】

次の計算をし、割り切れるものは小数で、割り切れないものは分数で答えなさい。

$21\div375=$

$32\div384=$

$9.1\div3.25=$

コラム　公式丸暗記の弊害と公式軽視の弊害

理屈がわからないのに公式を丸暗記し、答えだけはあてはめて出す子どもがいます。点数を取ることだけが目的になったことの弊害です。

しかし、一方でこの弊害をなくそうとするあまり、「公式を覚えるな」「導き方さえ理解すればよい」という極端な教師もいて、これも困りものです。

昔、ある高校の先生に聞いた話です。彼によれば、中学校のカリキュラムが2次方程式の解の公式を教えず、その導き方だけを教えるようになった2000年代の一時期、高校入学後も2次方程式を「いちから順に平方完成して解くことしかしない」子どもがたくさんいたというのです。「授業は毎日がリハビリのようなものだった」とその先生は回想していましたが、なるほどこれでは計算があまりに遅すぎて授業は成り立たないでしょう。

また、負×負＝正となる理由を考えさせる教師もいますが、これは「公理」「数の拡張」という高級な概念に踏み込まないと実際には理解しづらく、初学者に必死に考えさせるべき事項ではありません。

基本は導き方、原理の理解。しかし、重要公式はしっかり「暗記」することが必要です。時にはひとまず公式を覚えてからあとで理屈を考えるようなこともあってよいのです（ちゃんとあとで考えれば）。

21. $\frac{5}{8}+\frac{5}{6}$をどう計算するか
――分数の足し算引き算の大本

分数同士の足し算、引き算はそれほど難しくありません。

通分さえしてしまえば、あとは普通の足し算や引き算とほぼ同じなのです。

しかし、その計算にはところどころ工夫の余地があります。たとえばこんな工夫です。

（1）標題の $\frac{5}{8}+\frac{5}{6}$ を普通に通分すれば、分母の8と6の最小公倍数は24だから、

$$\frac{15}{24}+\frac{20}{24}=\frac{35}{24}=1\frac{11}{24}$$

とすることになります。しかし、分母を強引に8×6=48にしてしまえば、

$$\frac{30}{48}+\frac{40}{48}=\frac{70}{48}=\frac{35}{24}=1\frac{11}{24}$$

とすることもできます。

原理は右図のようなものです。

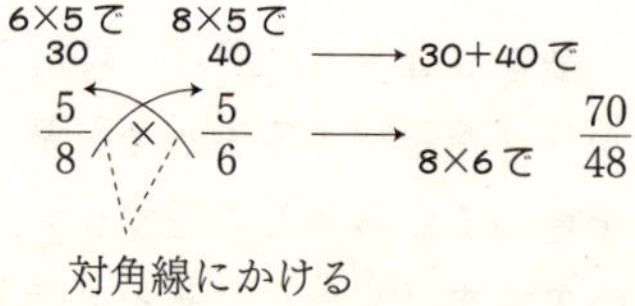

「最小公倍数は何だったっけ」

などと考えなくともすむので、こちらのほうが楽に感じられる場合もあるのです。

（2）さらに上記の問題で工夫をするなら、

$\frac{1}{8}+\frac{1}{6}=\frac{7}{24}$ と出してからこれを5倍する手もあります。

このような工夫をあわせることで、分数の足し算や引き算の暗算の大本ができます。

もちろん、いままで足し算、引き算でやってきたような技法はすべて使えるわけです。例を1つ挙げると、

$$\frac{7}{8}+\frac{5}{6}$$

を計算するには、2から $\frac{1}{8}+\frac{1}{6}=\frac{7}{24}$ を引いて、$1\frac{17}{24}$ としたほうが速いでしょう。

【練習問題】

$\frac{7}{12}+\frac{3}{7}=$

$\frac{2}{3}-\frac{3}{8}+\frac{1}{4}=$

$\frac{8}{9}+\frac{1}{6}-\frac{2}{3}=$

$\frac{3}{5}-\frac{1}{6}-\frac{1}{3}=$

22. $5\frac{1}{3}-\frac{3}{4}$をどう計算するか
——距離の引き算・分数篇

このような問題は、学校では普通次のように教えられます。

① まず通分して、$5\frac{4}{12}-\frac{9}{12}$と直します。

② 次に$\frac{4}{12}-\frac{9}{12}$はそのままではマイナスの値になってしまうので、5から1を借りてきて、$4\frac{16}{12}-\frac{9}{12}$と変形します。

③ 最後に引き算をして、$4\frac{7}{12}$として答えを出します。

しかし、私は暗算の際にこの方法を使ったことはほとんどありません。

「$\frac{3}{4}$」はあと「$\frac{1}{4}$」で1になる。そこから4で5に到達する。さらに「$\frac{1}{3}$」で「$5\frac{1}{3}$」になるから、
「$\frac{1}{4}$」と「$\frac{1}{3}$」を足してから4を付け加えればいいな。

このように考えて、$4\frac{7}{12}$という答えを出すのです。

これは、いってみれば距離の引き算の応用です。
図解をすると、

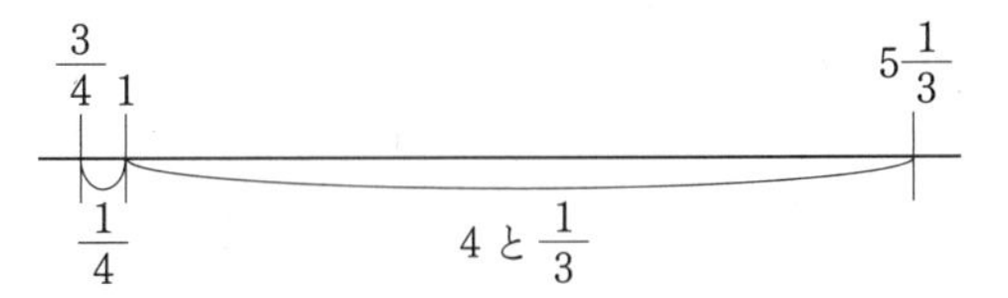

このようになっているわけです。

【練習問題】

$1\frac{1}{7}-\frac{5}{6}=$　　　　$4\frac{3}{8}-\frac{3}{4}=$

$3\frac{2}{7}-1\frac{3}{4}=$　　　　$1\frac{1}{12}-\frac{12}{13}=$

$6\frac{1}{3}-3\frac{4}{5}=$　　　　$6\frac{1}{7}-\frac{7}{9}=$

23. $1\frac{2}{3}-\frac{3}{4}$をどう計算するか
──「強い弱いの引き算」・分数篇

前の課題と同じような問題ですが、こちらには普通の整数の引き算と同じように「強い弱いの引き算」で片付ける方法があります。

上記の問題でいえば、

① 1と0では1のほうが1強い。

② $\frac{2}{3}$と$\frac{3}{4}$では、$\frac{3}{4}$のほうが$\frac{1}{12}$強い。

③ 最後に残った1と$\frac{1}{12}$で決戦をして、$1-\frac{1}{12}=\frac{11}{12}$

と出すわけです。

この方式は一般に繰り下がりのある分数の引き算の場合にはすべて使えますが、特に有効なのは次の場合です。

（1）どちらの分子も1の場合。

例：$5\frac{1}{7}-2\frac{1}{5}$

5と2では5のほうが3強い。

$\frac{1}{7}$と$\frac{1}{5}$では$\frac{1}{5}$のほうが、$\frac{7-5}{7\times5}=\frac{2}{35}$強い。

最後に残ったもの同士を比べて、$2\frac{33}{35}$

（2）分数部分を比べて引いたとき、結果が分子1の分数になるとき。

次の引き算をよく観察してください。

$$\frac{1}{2}-\frac{1}{3}\quad \frac{1}{3}-\frac{1}{4}\quad \frac{1}{4}-\frac{1}{5}\quad \frac{1}{5}-\frac{1}{6}\quad \cdots\cdots$$

$$\frac{2}{3}-\frac{1}{2}\quad \frac{3}{4}-\frac{2}{3}\quad \frac{4}{5}-\frac{3}{4}\quad \frac{5}{6}-\frac{4}{5}\quad \cdots\cdots$$

これらの計算結果がすべて、「分母同士の積、分の1」になることがすぐにわかるようになれば、分数の引き算はぐっと速くなります。

たとえば、$7\frac{4}{5}-3\frac{5}{6}$ は $4-\frac{1}{30}=3\frac{29}{30}$ となります。

【練習問題】

$7\frac{1}{7}-3\frac{1}{4}=$

$5\frac{1}{6}-3\frac{1}{5}=$

$1\frac{2}{3}-\frac{3}{4}=$

$3\frac{4}{5}-1\frac{5}{6}=$

$5\frac{3}{5}-3\frac{2}{3}=$

24. $7\frac{3}{7}\times\left(\frac{11}{26}-\frac{11}{39}\right)$をどう計算するか
――分数のかけ算割り算

分数のかけ算割り算は、基本的には約分が勝負です。

特に、$\frac{b}{a}\times\frac{c}{d}$の形では、$\frac{b}{a}\ \times\ \frac{c}{d}$のように、対角線上の数字同士の約分がカギを握ります。

約分した結果どのような数字が残るかを、頭の中にたくわえておかないとヒドイ目にあうので、注意深く、あたかもその位置にその数字が書き込まれているかのようにイメージする人が多いようです。

たとえば、

$3\frac{3}{5}\times1\frac{1}{9}$という計算をするときは、本来は$\frac{18}{5}\times\frac{10}{9}$と直してから次の段階に進むわけですが、分数のかけ算ははじめから約分ねらいです。

そこで、左側の分子の18をすばやく暗算で出して右側の分母の9と約分して「上に（分子に）2が残る」。

今度は右側の分子を10と出して、左側の分母の5と約分して「上に2残る」。

最後は「二二(ににん)が4」で答えは4。

このようなことをすばやく行なうわけです。その際、「上に何が残るか」「下に何が残るか」だけに注意が集中しているものです。

標題の例では、

① まず（ ）の中の分母は、ともに13の倍数であることを見抜くこと、そして分子がともに11であることを見抜くことが先決です。

② 分子の11と分母の13を除外して考えれば、（ ）内の計算は単に $\frac{1}{2}-\frac{1}{3}=\frac{1}{6}$ となります。

$\left(本当は \frac{11}{13}\times\left(\frac{1}{2}-\frac{1}{3}\right)=\frac{11}{13}\times\frac{1}{6} ということ\right)$

③ そこで、$\frac{1}{6}$ は最後にかけるとして頭の中にとっておき、まず $7\frac{3}{7}\times\frac{11}{13}$ を計算するわけですが、左の分数の分子は52、右の分数の分母は13ですから、約分すると上に4残ります。あとは約分できそうにないので、先ほどの $\frac{1}{6}$ もかけて、（上に4，11が残り、下に7，6が残っているので）$\frac{44}{42}$、約分して帯分数に直し、$1\frac{1}{21}$ と出すわけです。

もちろん（頭にメモリーが残っていれば？）、上の4と下の6で約分してから答えを出してもかまいません。

さて、問題を少し変えて、

$7\frac{3}{7}\times\left(\frac{5}{26}-\frac{7}{39}\right)$だったらどうでしょうか？

この場合は（　）の中から計算しない方法も速そうです。分配の法則を使う方法もあるのです。

図示すれば次のように考えるわけです。

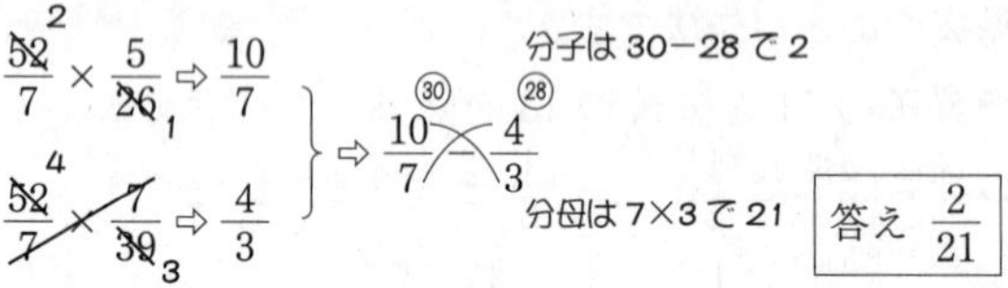

$$\frac{\cancel{52}^{\,2}}{7} \times \frac{5}{\cancel{26}_{\,1}} \Rightarrow \frac{10}{7}$$

$$\frac{\cancel{52}^{\,4}}{\cancel{7}} \times \frac{\cancel{7}}{\cancel{39}_{\,3}} \Rightarrow \frac{4}{3}$$

$$\Rightarrow \frac{10}{7} - \frac{4}{3}$$

㉚　㉘

分子は30－28で2

分母は7×3で21

答え $\frac{2}{21}$

このように、暗算は時と場合により、「よりやりやすい方法を求めて」変幻自在（へんげんじざい）ですから、経験を積まないと自分流の速いやり方は編み出せません。

先日、$\frac{4}{7} \div 2$ を計算するのに、律儀にもわざわざ、$\frac{4}{7} \times \frac{1}{2}$ と書き直してから計算している生徒を発見しましたが、これはさすがに4÷2で分子が2と出て終わりでしょう。でも笑えないかもしれません。

$1\frac{7}{9} \div \frac{2}{3}$ という計算問題が出たら、分子は16÷2で8、分母は9÷3で3とさっと出して、$2\frac{2}{3}\left(=\frac{8}{3}\right)$ という正解をすぐに出せますか？　一度、割る数の分母と分子をひっくり返さないと気がすまなくなっている人は結構多く見かけます。

分数の計算は小学生がする計算のうちもっとも複雑なものの1つですので、経験によっては相当に複雑な問題を暗算で解いてしまうようなこともできます。

やさしい問題から難しい問題まで、以下に並べておきます。

【練習問題】

$$\frac{5}{12}\times3\frac{1}{5}=$$

$$2\frac{3}{4}\div0.625\times1\frac{4}{11}=$$

$$5\frac{1}{7}\div\left(2\frac{4}{7}-1\frac{1}{7}\right)=$$

$$5\frac{1}{7}\times\left(2\frac{1}{3}-1\frac{3}{4}\right)=$$

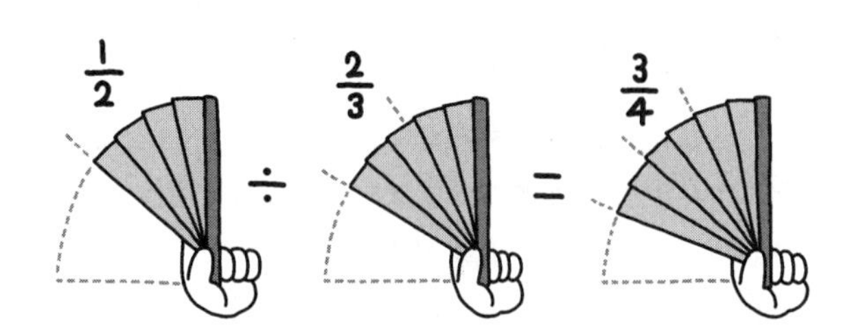

25. 60億÷300万をどう計算するか
──大きい数の割り算

比較的できる中学生のクラスで授業をしたときのこと、授業後にふと思いついて、「君たちはこんな暗算をすぐに正解できるかね」と話を向けたことがありました。

「仮に人口300万人の国があったとする。世界がもしもこの国と同じ人口レベルの国だけで成り立っていたら、世界にはどのくらいの数の国があるだろうか？」

こんな変な問題で、世界の人口はおよそ60億ということにしてありました。

さて、その中学生たちなのですが、「オレ、こういうの苦手なんですよね」とつぶやいたのが1人。10秒ほどしてからあててみたら「200」というあらぬ答えを出したのが1人。暗算だと念を押したのに、こっそりとノートに0の数を書いたのが1人。

でも、全員が「割り算をすればよい」ということには気がついていて、その割り算が「桁が大きいために」うまくできなかったのが何人かいたのです。

そこで今度は「近頃では比較的できる中学生でも、ときどき桁が大きな数の暗算が苦手なやつがいる」という話題を、出会った大人に振ってみました。

すると面白いことに、大人でも極端に「できる人」「できない人」で「二極分化」していることがわかりました。

では、この計算、普通はどうやるのでしょう？

① 300万を10倍すると3000万、100倍すると3億、1000倍すると30億、と10，100，1000と順に10倍ずつしていき、桁がそろったところであと2倍だから、2000が答えと出す。

② 60億÷0.03億と考えて60÷0.03＝60×「3分の100」として、2000と出す。

③ 60億と300万を1桁ずつ減らして（約分して）6億と30万にする。さらに1桁減らして6000万と3万にする。あとは6000÷3と同じことだから、2000と出す。

どのやり方でもよいのですが、これくらいはすぐに暗算でできないと、新聞に躍っている人口やお金やその他の統計の記事を見てもさっぱりその意味がわからないなどということになりかねません。

【練習問題】

2万6千×12×100万×15＝　　520兆÷650万＝

26兆÷6500万＝　　9000万×1万3千＝

1億2000万÷80÷60＝　　4万×7.5×500＝

コラム　教え得るものと教え得ないもの

「4人を2人と2人に組み分ける方法は何通り？」

こういう問題を見ると、4人をA，B，C，Dとして必死に書き出す生徒がいます。一方で、「オレがAならペアを組む相手は残りの3人の誰かだから3通り」とあっという間に答えを出す生徒もいます。

ところで、後者の「ちょっとした工夫・考え方」をみなどこで身につけてくるのでしょう？

私は昔からこの問題を、後者で考えていましたが、どこかでこの方法を習った覚えはありません。これは「カリキュラムにあるもの」ではなく「教えられない知恵のようなもの」なのです。

もちろん一問一問に限ればこういう思考方法を教えることも可能ですが、こういう「ちょっとした知恵」はそれこそ無数にありますので、実際には体系立てて教えることなど不可能。

しかし、実はこうした教え得ないものこそ、生徒の間の実力に天と地ほどの開きを生む素(もと)だと私は考えています。「教え得ること」に比べて「教え得ないことの蓄積」のほうが、学力に及ぼす影響は圧倒的に大きい。

とすれば、「よい先生に習うこと」より、「工夫し知恵を得るメンタリティーを養う」ことのほうがはるかに重要だ、というのが学習の真実です。

第２章

数学的法則の背景を体感する暗算

数学には、計算法則も含めていろいろな法則性があります。そうした法則性が基盤となって、いろいろな計算方法が可能になるわけです。

だから、基盤となる法則性を知らないと、その計算方法はそもそも使えませんし、知っていてもあやふやな段階では「こういう計算をしてもよいの？」という不安が先に立ってとても使いこなせはしません。

しかし、一旦こうした法則性を洞察し、深いレベルで納得してしまうと、急に計算の世界は広がりを見せ、今度はその計算をするたびに、逆にこうした背後の規則性・法則性を思い起こすようになっていくものです。

こうした段階までくれば、「たかが計算、されど計算」。たかが計算をしているだけなのに、実はその背後にある数学の法則性も常に見つめていることになりますから、算数・数学の実力は急速に確かなものになっていきます。

では、そうした法則性を背景にした計算の代表的なものには、どのようなものがあるのでしょうか。

26. 126+123+127+126をどう計算するか
──平均の概念をどう利用するか

標題の計算は簡単な足し算には違いないのですが、こうした計算問題をそのまま律儀にはじめから順に計算していったり、筆算したりするのはどうかと思います。

ほとんどが125という「きりのよい数」に近いのですから、4数の平均は125にすごく近いはず。

ということで、125を仮の平均として計算すると、4数の合計は（合計は平均×個数なので）500に近いことがすぐにわかります。

もちろんこのままでは多少の「半端」が出ますので、次に「仮にすべて125とした場合」との出し入れを考えます。

126は+1　123は−2　127は+2　126は+1

ですから、あわせると、プラス2です。

そこで、標題の問題の答えは502となります。

右図のように125を基準として、そこから「半端の多い少ない」を考えるわけですね。

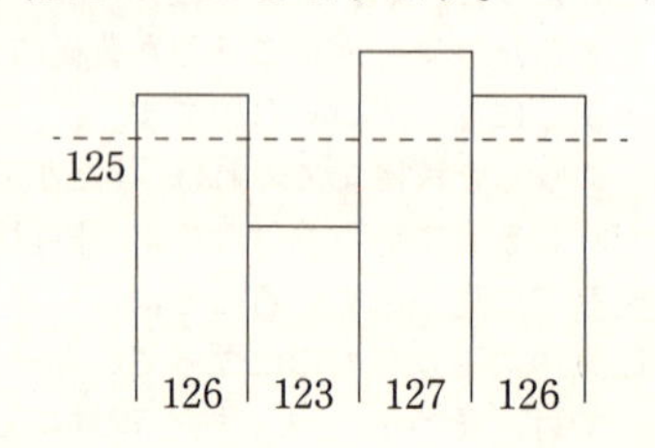

こうした考え方は、「仮平均」の考え方に近いものがあります。

仮平均の考え方というのは、似たような数値のものをいくつか平均する場合によく用いられる次のような考え方です。

身長が、136.7cm、138.2cm、141.2cm、142cm、142.1cmの5人の身長を平均したいとします。

もちろん、5つの数を足して5で割ればいいわけですが、これはかなり面倒くさい。

そこで、きりのよい数で5つに近い140を仮平均として、140からの出し入れを考えるわけです。

すると、最後の3つで5.3cmのプラス。最初の1人は3.3cmのマイナスであることはすぐにわかりますから、この4人で2cmのプラスです。2人目の−1.8cmを考えあわせると、全体では0.2cmのプラス。

そこで0.2を5で割って、0.04。

答えは平均140.04cmとなります。

(136.7＋138.2＋141.2＋142＋142.1) ÷5を

(140＋140＋140＋140＋140) ÷5＝140と

(−3.3−1.8＋1.2＋2＋2.1) ÷5＝0.04

とに分けて計算したことになりますね。

このような問題はあまり数をこなす必要はありませんが、原理だけはしっかりと把握して、似たような数字の出てくる統計の表を見たときなどに活用したいものです。

【練習問題】

98＋103＋132＋99＋96＋101＝

32.6＋34＋42.3＋35.5＋43.8＋42.7＝

(181＋194＋197＋212＋201)÷5＝

27. 1＋4＋7＋10＋……＋31＋34をどう計算するか
——等差数列の和の考え方

文字通り、数がいくつか並んでいるものを数列といいますが、その中でも一番代表的なものが、等差数列です。

$$\begin{array}{ccccccccccccc} 2 & & 6 & & 10 & & 14 & & 18 & & 22 & & 26 \quad \cdots\cdots \\ & \vee & & \vee & & \vee & & \vee & & \vee & & \vee & \\ & 4 & & 4 & & 4 & & 4 & & 4 & & 4 & \end{array}$$

のように、隣りあう各項の差がいつでも同じである数列のことです。

この等差数列のはじめから何項かを足すときには、特別な方法が使えます。

たとえば標題の数列に、「平均」の考え方を応用してみましょう。

34－1＝33　33÷3＝11 ですから、1 から 34 までに足されている数は 12 個です。まずこれを暗算で出しておきます。

さて、「最大の数と最小の数」「2 番目に大きい数と 2 番目に小さい数」……というようにペアにして考えると、各ペアの平均はすべて、(1＋34)÷2＝17.5 にそろうことがわかります。

たとえば「2番目に大きい数と2番目に小さい数」の平均の場合は、(4＋31)÷2になりますが、これは4が1＋3で、31が34－3であることを考えれば両者を足したときに＋3と－3が打ち消しあって、結局は(1＋34)÷2と同じことになるわけです。

こうして、どのペアも平均は同じになりますので、全体の平均も当然17.5になります。平均が17.5であるものが12個あるのだから、17.5×12で答えが出ます。

しかし、ちょっと待った。この計算は結構大変ですね。

そこでよく考えてみると、原理としては、

① 最初の項と最後の項の平均が全体の平均になる。

② 平均に個数をかければ和が出る。

ということですから、これを式に直せば、

(最初の項＋最後の項)÷2×項の数 ……☆

そこで、標題の計算では、(1＋34)÷2×12で、これは35×6としたほうがよほど速いのです。答えは210です。

☆の式は「等差数列の和の公式」と呼ばれます。

この公式は高校で登場し、導く考え方も上記の方法のほか2通りほどありますが、まずは一番大本の考え方である平均の考え方と絡めて理解して、積極的に利用するとよいでしょう。

また、「逆順に足す」やり方も有力なので次に記しましょう。この方法では、2つの式を逆順に書いて、たてに足します。表題の式だと、

$$
\begin{array}{rl}
 & 1+4+7+10+\cdots+25+28+31+34 \\
+) & 34+31+28+25+\cdots+10+7+4+1 \\
\hline
 & 35+35+35+35+\cdots+35+35+35+35
\end{array}
$$

となることを利用し、答えは（式2つ分が35が12個分だから）$35\times12\div2=210$ となります。

【練習問題】

$1+2+3+4+5+\cdots\cdots+99+100=$

$9+15+21+27+33+39+45=$

$2.8+3+3.2+3.4+3.6+3.8+4+4.2=$

28. 1＋3＋9＋27＋81＋243＋729をどう計算するか
――等比数列の和の考え方

等差数列と並んで、もう1つの代表的な数列は等比数列です。

4 →(×3) 12 →(×3) 36 →(×3) 108 →(×3) 324 →(×3) 972 →(×3) 2916 ……

のように、隣りあう項の比がすべて同じものをいいます。

この数列についても、はじめから何項目かまでの和がいくつになるのかをすばやく出す方法があります。

標題の例でやってみましょう。小学生流の方法と、高校生流の方法を2つ試してみます。

（1）小学生流

① 1 3 9 27 81 243 729 を意識する。

② それぞれの項を3倍した、

3 9 27 81 243 729 2187

と①を比較する（ちなみにこれらの項の和は「答えの3倍」である）。

③ すると同じ項がたくさん出てきて、違いは2187と1だとわかる。

④ 「②の各項の和」と「①の各項の和」の違いは「答えの3倍」から「答え」を引いたものなので、「答えの

2倍」になっている。

そこで、答えは $(2187-1) \div 2 = 1093$

（2）高校生流

展開公式

$$(1-x)(1+x+x^2+x^3+\cdots\cdots+x^{n-1})=1-x^n$$

を利用します。

はじめの項が a で、以下次の項が前の項の p 倍（公比が p）になっている等差数列の最初から n 項目までの和は、

$$a+ap+ap^2+ap^3+\cdots\cdots+ap^{n-1}$$
$$=a\ (1+p+p^2+p^3+\cdots\cdots+p^{n-1})\ =\frac{a(1-p^n)}{1-p}=\frac{ap^n-a}{p-1}$$

ですから、最後の項に公比をかけた値（ap^n）からはじめの項（a）を引いて、「公比から1を引いた数」（$p-1$）で割れば答えが出てきます。

上の例では 729×3 から1を引いて、公比3から1を引いた2で割れば出てくることになり、以下計算は小学生流と同様です。

【練習問題】

$1+2+4+8+16+32+64+128+256+512+1024=$

$7+21+63+189+567=$

$3+12+48+192+768+3072=$

29. $\frac{1}{1\times2}+\frac{1}{2\times3}+\frac{1}{3\times4}$をどう計算するか
——差分をマスターする

このような「規則性はありそうだがへんてこな分数の足し算」を見たことがある人は多いと思います。

中学入試から始まって大学入試に至るまで、このような計算はときどき思い出したように出てきます。

そこで、このような計算の背景を解説して、この手の計算はほとんどすべて暗算でできるようにしてしまいましょう。

実は、この種の計算は次の2つをもとにしています。

① $\frac{b-a}{a\times b}=\frac{1}{a}-\frac{1}{b}$

これは、よく観察して、分母が2数の積になっており、分子がその2数の差になっている場合の変形公式だと考えるとよいでしょう。

② 適当な数列を考えます。たとえば、

1　4　8　10　19

を考え、隣同士の数の差をとります（右－左）［これを数列の階差をとるとか差分するといいます］。すると、

1　4　8　10　19

3　4　2　9

となります。そこで、①を思い起こして、

$$\frac{3}{1\times4}+\frac{4}{4\times8}+\frac{2}{8\times10}+\frac{9}{10\times19}$$

というような計算問題をこしらえると、これは

$$\frac{3}{1\times4}+\frac{4}{4\times8}+\frac{2}{8\times10}+\frac{9}{10\times19}$$

$$=\left(\frac{1}{1}-\frac{1}{4}\right)+\left(\frac{1}{4}-\frac{1}{8}\right)+\left(\frac{1}{8}-\frac{1}{10}\right)+\left(\frac{1}{10}-\frac{1}{19}\right)$$

$$=1-\frac{1}{19}=\frac{18}{19}$$

となるのです。途中の分数がプラスとマイナスで打ち消しあって消えていく（0になる）ので、このような華麗な計算ができます。

そこで、①の式変形を「数列の差分」に適用すると、この種の問題はいくらでも作ることができるのです。

標題の問題の場合には、

```
1     2     3     4
 \/    \/    \/
 1     1     1
```

がもとになっているわけで、

$$\frac{1}{1\times2}+\frac{1}{2\times3}+\frac{1}{3\times4}=1-\frac{1}{4}=\frac{3}{4}$$

となります。

このように、このタイプの問題は定型的ですので、問題を解くというよりはむしろ、自分で規則的な数列をこしらえて、そこから計算問題を作ってみたほうが面白いかもしれません。

次に挙げる練習問題では、数列を指定しますので、その数列から、計算問題をこしらえて、それを解いてみてください。

【練習問題】

1　3　5　7　9

1　4　9　16　25　36

1　2　6　24　120　720

1　2　4　8　16　32　64

コラム　そろばんは有効か

暗算を推奨する人の中には特殊な暗算方法を推奨する人も少なくありません。その代表的なものはそろばんです。

ではそろばんはどのくらい有効なのでしょうか？

結論からいうと、「単に計算速度を競い、曲芸的暗算力を身につけたいのなら」、私の教え方よりよほどそろばんのほうが有効です。

そろばんは「算盤」をイメージしてすばやく四則計算を行なうことに特化した技法なので、計算速度は抜群、3桁以上の計算さえできるようになり、頭の中でイメージを操る習慣も身につくことでしょう。

しかし、そろばんでは「数学力」だけは身につきません。数学の学習とは、概念や法則性の習得です。交換法則、分配法則から始まる様々な法則性の体得こそ数学力向上の要。私が推奨する暗算は単なる計算方法ではなく、そうした法則性の体得そのものなのです。

一方、そろばんは「工夫しながら法則性を体得する」というより、「1つの技能に特化して訓練する」技術です。ですから確かに計算力の向上には役立ち、技能としても尊敬すべきですが、こと「数学力」の向上自体とはあまり関係がないというのが真実だと思います。

30. 1×2＋2×3＋3×4＋……＋9×10をどう計算するか
── $\Sigma n(n+1)$ の計算方法

先日、高校生のクイズ大会を見ていたら、計算問題が登場しました。

1＋4＋9＋16＋……

というように平方数（整数を2乗した数）を順に200番目まで足すといくつになるかという問題で、10秒ちょっとで暗算をした高校生には「オーッ」というどよめきが漏れていましたが、実は この問題は公式さえ知っていれば誰にでも暗算可能なものでした。

$$\sum_{k=1}^{n} k^2 = \frac{n(n+1)(2n+1)}{6} \quad \cdots\cdots☆$$

［平方数を n 番目まで足すと、n と（$n+1$）と（$2n+1$）をかけあわせた数÷6になる］

という公式は、高校1、2年生で習い、暗記させられる公式です。

上記のクイズはこれに $n=200$ を入れただけで、200×201×401÷6を暗算すればよいのですから、例によって「割り算は約分」を実行します。100×67×401と変形し、「67が400個で26800。これに67を足して、26867。これに00をつけて2686700」とすればよかっただけでした。

このように、公式というものは覚えれば大きな威力を持つものですが、公式の丸暗記は弊害だという意見もあります。導き方こそ知らなければならないというのです。

では、前ページの公式はどのように導けばよいのでしょうか？

そこで、標題の問題に取り組んでみましょう。いきなり思いつく人などほとんどいないはずですので、次の方法を覚えてください。

① $1\times2=(1\times2\times3-0\times1\times2)\div3$ と考えます。

右辺で、（　）の中の 1×2 が共通であることから、（　）の中は $1\times2\times(3-0)$ となるので、3 で割ると 1×2 が残るわけです。

② 同じようにして、2×3, 3×4, ……

を変形していきます。

$$1\times2=(1\times2\times3-0\times1\times2)\div3$$
$$2\times3=(2\times3\times4-1\times2\times3)\div3$$
$$3\times4=(3\times4\times5-2\times3\times4)\div3$$
$$4\times5=(4\times5\times6-3\times4\times5)\div3$$
$$5\times6=(5\times6\times7-4\times5\times6)\div3$$
$$6\times7=(6\times7\times8-5\times6\times7)\div3$$

$7\times8=(7\times8\times9-6\times7\times8)\div3$

$8\times9=(8\times9\times10-7\times8\times9)\div3$

$9\times10=(9\times10\times11-8\times9\times10)\div3$

となります（わかりやすいようにわざと途中を省略せずに書いてあります）。

さて、これらの式の左辺をすべて足したものが、標題の計算であることはすぐにわかるでしょう。

もちろんそれは、これらの式の右辺をすべて足したものです。

右辺をよく見ると、$\div3$ はすべてに共通ですから、最後にまとめてやればよろしい。

そこで、（　）の中身をすべて足すことを考えると、プラスとマイナスでほとんどの項が消えることがわかります。最後に残るのは、$9\times10\times11-0\times1\times2$ ですが、後者は0になるので、結局 $9\times10\times11$ しか残りません。

そこで、$9\times10\times11\div3$ を計算して330が答えになるのです。

一般に、$1\times2+2\times3+\cdots\cdots+n(n+1)$ を計算すると、$n(n+1)(n+2)\div3$ となることもこれから容易に推測できます。

さて、1×2 から1を引けば、1が2個から1が1個のものを引いたことになるので、1×1 が残ります。

2×3 から 2 を引けば 2 が 2 個、つまり 2×2 になります。このように考えていくと、
「$1\times1+2\times2+3\times3+\cdots\cdots+n\times n$ を計算するには、$1\times2+2\times3+3\times4+\cdots\cdots+n(n+1)$ から $1\sim n$ の和を引けばよい」ことになります。

そこで、$n(n+1)(n+2)\div3-n(n+1)\div2$ を計算すると、(1 から n の和については第 27 項を参照して考えてみてください）例のごつい式、つまり☆印の式が出てくるというわけです。

【練習問題】

$1\times2+2\times3+3\times4+\cdots\cdots+99\times100=$

$1\times3+3\times5+5\times7+7\times9+9\times11+11\times13=$

$1\times1+2\times2+3\times3+4\times4+5\times5+6\times6=$

$1\times2\times3+2\times3\times4+3\times4\times5+\cdots\cdots+98\times99\times100=$

ヒント：

2 番目の問題は単に $11\times13\times15\div6$ ではできません。はじめのほうの項も残ってしまうからです。

最後の問題もこの項目で紹介したのと同じ方式で解けます。暗算だと少し難しめかもしれません。

31. 360をどう素因数分解するか
――素因数分解の実戦的方法

普通、360を素因数分解せよといわれたら、右図のように、小さい素数で順々に割っていき、最後にこれ以上割れなくなったところで答えを、

```
2)360
2)180
2) 90
3) 45
3) 15
     5
```

$2\times2\times2\times3\times3\times5$

$(=2^3\times3^2\times5)$

と出す方法を習います。

もちろん、これは正当な方法なのですが、2, 3, 5, 7, 11といった小さな素数だけが関係する場合に、数学のできる人がわざわざこんなやり方で素因数分解をしていないことは確かです。

ではどうするのか。

360を5で割って72と出します。

72は九九を使うと8×9です。

8は2^3、9は3^2ですから、これで、$2^3\times3^2\times5$が出ます。

では、144はどう素因数分解するか？

いろいろな方法がありえますが、多くの人は次のように出します。

144は12×12である（これは計算に慣れてくると平

方数の計算として知っていることが多い)。

12は$4\times3=2^2\times3$ですから、いわば「2が2個と3が1個から組み立てられている」ようなもの。

そこで、12が2セットあるわけですから、「2は4個、3は2個」。つまり、$2^4\times3^2$となります。

また、1080のような場合には、108×10と考える。

108は(できれば4×27のほうがよいが)2×54。

そこで、まず$2\times54\times10$と考えて、

2……2が1個

54……6×9だから、2が1個と3が3個

10……2が1個と5が1個

まとめると、2が3個、3が3個、5が1個で$2^3\times3^3\times5$となります。

要するに、自分がやりやすいように2数以上の積に分解して、それをさらに分解して素因数の個数を足しあわせるわけです。

【練習問題】

次の素因数分解をせよ。

36　216　120　180

504　336　351　378

32．53×57をどう計算するか
——展開法則を利用する（1）

実は2桁×2桁のかけ算で、

（1） 10の位は同じ

（2） 1の位を足すと10になる

という特徴を持った2つの数のかけ算には、昔から言い伝えられている特別な方法があります。私も小学生のころ、算数の参考書でこれを知りました。

それは、

① 10の位の数とそれに1を足した数をかける

② 1の位の数同士をかける

③ ①の結果と②の結果を左から書き並べる

と、あら不思議、答えになってしまいました……という暗算です。

標題の例では、5×6【5＋1】＝30と、3×7＝21を書き並べた3021が答えです。

近頃では、中学入試にもその計算方法のしくみを問う問題が出題されたりして、結構有名なやり方だと思っていたのですが、意外に狭い社会にしか知られていないやり方のようでもあります。

ではそのしくみはどのようなものなのでしょうか？

実は、「文字を使って一般化し、展開法則を使う」とその意味がわかります。

$(10a+b)$ と $(10a+c)$ のかけ算を考えます。ただし、$b+c=10$ とします。

$a,\ b,\ c$ に適当な1桁の数を代入すれば、これが「10の位が同じで」「1の位同士を足すと10になる」2数のかけ算になることは明らかでしょう。

そこで展開計算を実行すると、

$$
\begin{aligned}
(10a+b)(10a+c) &= 100a^2+10(b+c)a+bc \\
&= 100a^2+100a+bc \\
&= 100a(a+1)+bc
\end{aligned}
$$

となります。そこで10の位の数 a と $a+1$ をかけた数が（それを100倍するので）左横に、それに $b\times c$ を計算した数が右横にくるわけです。

この計算は便利なため応用も利きやすく、たとえば58×53の場合には58×52を計算してから58を足せばよいわけですから、3016に58を足して3074とすぐに出ます。ちょっと覚えておくと得な暗算テクニックの代表例です。

また、36×68などは一見この手法を使えそうに見えませんが、(36×34)×2と変形すれば、

$(36 \times 34) \times 2 = 1224 \times 2 = 2448$

と、この手法で答えを出すことができます。

【練習問題】

$35 \times 35 =$

$75 \times 75 =$

$36 \times 34 =$

$88 \times 82 =$

$74 \times 77 =$

33. 57×63をどう計算するか
――展開法則を利用する（2）

中学校で習う展開公式のうち、代表的なものは次の3つです。

（1） $(x+a)(x+b)=x^2+(a+b)x+ab$

（2） $(x+a)^2=x^2+2ax+a^2$

（3） $(x+a)(x-a)=x^2-a^2$

このうち、前の項目でもさりげなく利用していたのが（1）です。

（2）もたとえば17^2の計算を行なうのに、（2）のxを10、aを7として暗算し、100と140と49を足して289と出すようなこともできるのですが、17×17であれば、170に7×17＝119を足してしまったほうがむしろ速いので、あまり出番は多くありません（99^2などの場合には、99を100－1と見て、10000－200＋1＝9801のように積極的に利用することもあります）。

さて、この項目の主役は（3）で、この展開公式こそ、小学校レベルの「かけ算の暗算」への応用としてはもっとも使われるタイプなのです。

では、標題の57×63を暗算してみると、

① 57は60－3、63は60＋3と考える。

② $(60-3)(60+3)$ を展開公式にあてはめて、

60^2-3^2 と考える → $3600-9=3591$

このようにして答えは3591と出ます。

よく見ると、この計算方法が通用するのは、かけ算をする2数の平均がきりのよい数で、2乗しやすいときであることがわかります。

11から19までの2乗の値は、少し計算に慣れてくると覚えてしまうのが普通ですから（順に121，144，169，196，225，256，289，324，361となる）、たとえば 38×62 なども、$50^2-12^2=2500-144=2356$ と簡単に暗算で出ることになります。

これが板についてくると、いろいろな工夫ができるようになって、暗算の幅が広がります。

$46\times17=2\times23\times17=2\times(400-9)=800-18=782$

のような計算が工夫できるようになったらしめたものです。

【練習問題】

$17\times19=$	$49\times5.1=$
$86\times94=$	$73\times47=$
$68\times72=$	$84\times38=$
$107\times93=$	

34．24×58＋12×84をどう計算するか
――分配法則の逆を利用する

小学校ではよく円の面積、円周の長さなどの計算問題が出ます。

そこで、塾などでは3.14×2から始まって、3.14×9までの値を強引に覚え込ませるところがあり、「こんな無駄な暗記をさせて将来何の役に立つのか」と、議論になったりしたものです。

ところで、2つ以上の円の面積を足したり引いたりするときに、そのつど計算をしているとずいぶん無駄なことをする場合があります。

たとえば極端な例ですが、

$$3.14\times7+3.14\times3 \quad \cdots\cdots☆$$

を計算することになったとしましょう。

万一3.14×7を素直に計算しはじめたりしたら、それだけで大変です。こういうときは、☆は3.14が7個分と3個分だから、合計10個分。だから、3.14×10で、31.4としなければ、さすがに時間のロスでしょう。

さて、計算のしくみからいえば、これは分配法則の逆を行なっていることになります。

$a(b+c)=ab+ac$

ですが、右辺を先に書けば

$ab+ac=a(b+c)$

となります。

この原理を計算に応用することは大変に多いものです。

標題の計算については、

24×58＋12×84　→　24が58個と24が42個

　　　　　　　　→　24が100個

と変形してから、2400と出せばすぐに出ます。

また、応用面でも、先ほどの3.14だけではなく、この「分配法則」の逆さえ使いこなせれば計算量は半減するというような問題は数多いですから、これが使いこなせるのと使いこなせないのとでは、計算力に天と地ほどの開きを生んでしまうことにもなりかねません。

【練習問題】

$3.14\times7-3.14\times5+3.14\times8=$

$1.57\times24+3.14\times18=$

$5\times5\times3.14\times7\div3+5\times5\times3.14\times2\div3=$

$52\times64+26\times72=$

$1.9\times7+3.8\times9-5.7\times5=$

35. 101×101－99×99をどう計算するか
――因数分解を利用する

第33項で取り上げた、$(x+a)(x-a)=x^2-a^2$ という展開公式は、逆から見れば（右辺と左辺を入れ替えれば）$x^2-a^2=(x+a)(x-a)$ となります。

これは、2乗の差はうまく因数分解できることを示しています。このことを利用するとあっけなく解けるのが標題の引き算です。

101×101－99×99は2乗の差ですから、

$$101\times101-99\times99=(101+99)(101-99)$$
$$=200\times2=400$$

とします。

実際の数学の問題ではこうした2乗の差の形はきわめてよく出てきますので、利用価値も高いものです。

たとえば、右図の直角三角形で斜辺の長さが42cm、もう1辺の長さが38cmだとしましょう。

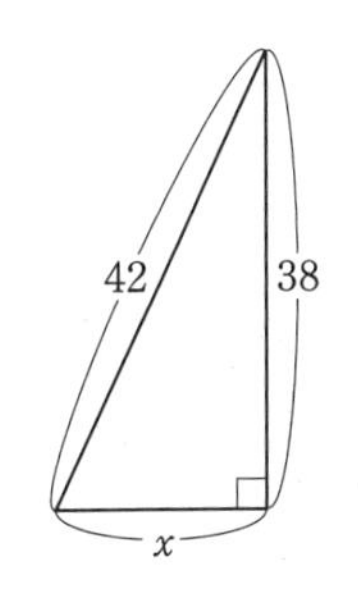

ここで三平方の定理（直角三角形では、斜辺の長さの2乗は他の2辺の長さの2乗の和に等しい）を用いると、図の x の長さは、$\sqrt{42\times42-38\times38}$ にな

ります。

この計算をまともにしていたのでは大変で、$42-38=4$, $42+38=80$ をすばやく暗算し、

$\sqrt{4\times 80}=2\times 4\sqrt{5}=8\sqrt{5}$　とするのがよいでしょう。

技巧的に作られた問題例では、たとえば

$10^2-9^2+8^2-7^2+6^2-5^2+4^2-3^2+2^2-1^2$

などという計算があります。

はじめから2つずつを組み合わせていくとそれぞれが2乗の差になっているので、

$(10-9)(10+9)=10+9$

のように変形されることを思い浮かべれば、答えは

$10+9+8+7+6+5+4+3+2+1$

を計算して求まるはず。そこで、等差数列の和（第27項〈P81〉）に基づいて、$(10+1)\times 10\div 2=55$ となるわけです。

これに関連して、少し不思議な計算をしてみましょう。

$$
\begin{aligned}
&1+3+5+7+\cdots\cdots+97+99\\
&=(1^2-0^2)+(2^2-1^2)+(3^2-2^2)+(4^2-3^2)\\
&\qquad+\cdots\cdots+(49^2-48^2)+(50^2-49^2)^2\\
&=50^2=2500
\end{aligned}
$$

少し思いつきにくいけれど、途中で項が2つずつスーッと消えて、50^2 だけ残るところが気持ちいいですね。

これは図で説明しても面白く、少し問題のスケールを小さくした右図で見ると、

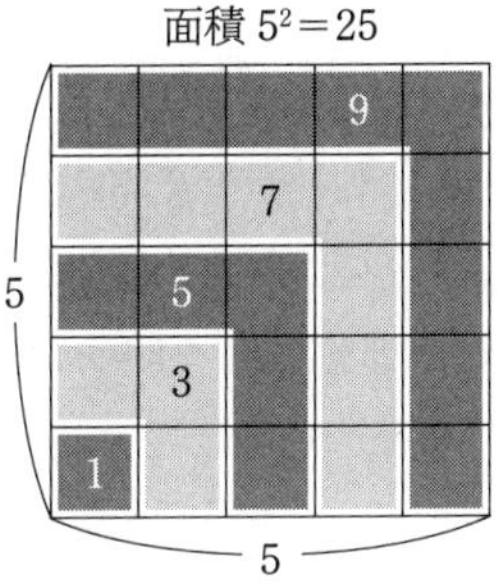

$1+3+5+7+9=5^2=25$

であることがわかります。

小さい順に奇数をn個足すと、n^2 になるわけです。

面積 $5^2=25$

			9	
		7		
	5			
	3			
1				

5　5

【練習問題】

$27\times27-13\times13=$

$74\times74-71\times71=$

$25\times25-24\times24+23\times23-22\times22=$

$2009\times2009-2007\times2007-209\times209+207\times207=$

$66\times66-33\times33=$

36. 13×13×13を7で割った余りをどう計算するか
――割り算と余りの世界……合同式の世界

合同というと図形を思い浮かべる人が多いでしょうが、この項目で扱う合同とは、「整数の合同」です。

では整数の合同を定義してみましょう。一般に、

「2つの整数があり、整数 m で割った余りが等しいとき、2つの整数は m を法として合同であるという」

ということになります。こういう抽象的な表現でわかりにくければ、具体例で考えてみましょう。

法を7とします。法というのも難しい表現ですが、簡単にいえば、「これからすべての整数を7で割った余りだけに注目して眺めますよ」ということです。

すると、7の倍数違いの数はみな（7を法として）合同になります。

たとえば $13 \equiv 6 \equiv 20 \equiv -1 \pmod{7}$ です。≡は合同であることを表します［modとは法のこと］。こうした式を合同式と呼びます。

意味としては、13，6，20，−1の4数を7で割った余りはみな等しいということでもあります。

実は合同式は整数を取り扱う上では、この上ない威力を持つ機械のような存在です。

なぜならば、それは等式を扱うときと同じように、

① 成立している合同式の両辺に同じ数を足しても、

② 成立している合同式の両辺から同じ数を引いても、

③ 成立している合同式の両辺に同じ数をかけても、

いずれも合同式は成り立ったままである、という性質を持つからです。

つまり、合同式は四則のうち割り算を除いた「足し算」「引き算」「かけ算」についてはイコールの式（等式）とまったく同様に扱えるのです。

一応かけ算について簡単な証明をしておきますと、

$A \equiv B \pmod{m}$ が成り立っているとします。

これは A を m で割った余りと、B を m で割った余りが等しいことを示しますから、その余りを r としましょう。

すると、適当な整数 p, q を用いて、

$A = pm + r \quad B = qm + r$

とおくことができます。

そこで両辺に C をかけると、

$AC = pmC + Cr \qquad BC = qmC + Cr$

となるので、AC を m で割ったときの余りも、BC を m で割ったときの余りも、ともに Cr を m で割ったときの余りと等しくなりますから、同じです。

よって、

$AC \equiv BC \pmod{m}$

が導かれるのです。

さて、標題の問題を解いてみましょう。

13×13×13はそのまま計算するのは暗算では大変です。そこで合同式を利用することを考えましょう。

$13 \equiv -1 \pmod{7}$ を3つかけると、

$$\begin{aligned} 13\times13\times13 &\equiv (-1)\times(-1)\times(-1) \pmod{7} \\ &\equiv -1 \quad \equiv 6 \pmod{7} \end{aligned}$$

となります。

これで13×13×13を7で割った余りは6だとわかりました。

わかってしまえばなんと簡単なことか！

もう少しわかりやすくいえば、13をmod7で合同な数である（−1）でおきかえて計算したわけです。

このように合同式は整数で割ったときの余りを扱うときに大変な威力を持つのです。

たとえば「13×17×20を11で割ったときの余りは？」という問題があれば、$13\equiv2$　$17\equiv6$　$20\equiv-2$

ですから、$2\times6\times(-2)=-24$ と出し、これに11の倍数である33を足した9が答えとなります。

以下の練習問題で慣れてみましょう。

【練習問題】

17×18×19を13で割ったときの余りはいくつか

10を10回かけた数を7で割った余りはいくつか

3^{20} を29で割った余りはいくつか

閑話休題。次は一寸高級なひらめきクイズです。

「m^n と n^m の1の位がどちらも9になるような2桁の整数の組（m，n）を一組発見せよ」

答えの一例は（19，29）です。

19も29もmod10で−1に合同ですから、

$19^{29} \equiv (-1)^{29} \equiv -1 \equiv 9$，$29^{19} \equiv (-1)^{19} \equiv -1 \equiv 9$

となり、どちらも10で割ったときの余り（1の位）が9になるわけですね。これは有名大学の入試問題がネタです。合同式の威力はすごいですね。

コラム　覚えておいたほうがよい計算結果

数学は他教科に比べて「記憶すべきこと」は少ないもの。公式も「記憶」より「導けること」が重要視されます。「知識」より「思考回路」が大切。

それでも「思考回路を身につける」ことは必要ですし、多少の知識も必要です。

以下に「暗算の際常識とすべき」数字をいくつか並べます。ただし、これらの数字は、計算に慣れてくると無理に暗記せずとも自然に覚えてしまうものです。

①　11から19までの整数の2乗

$11^2=121$, $12^2=144$, $13^2=169$, $14^2=196$, $15^2=225$, $16^2=256$, $17^2=289$, $18^2=324$, $19^2=361$

②　2のべき

$2 \to 4 \to 8 \to 16 \to 32 \to 64 \to 128 \to 256 \to 512 \to 1024$

$2^{10}=1024$　1000に近く、覚える価値があります。

③　かけ算への分解

$91=7\times13$　$108=3\times36$　$111=3\times37$

$216=6\times6\times6$　$343=7\times7\times7$　$1001=7\times11\times13$

これらはよく使われる、うっかりしやすい数値です。

あとは、4, 6, 8, 9, 12, 18を分母とする分数の通分には「暗記するほど」慣れたほうがよいでしょう。

37．3124を9で割った余りをどう計算するか
──9で割った余りを求める

9で割った余りを簡単に求める方法については、古くから知られています（九去法といいます）。

実は各桁をどんどんと足していき、9以上になったらまたこの操作を繰り返し、答えが9以下になったらそのときの結果が答えです。

たとえば標題の3124については、$3+1+2+4=10$とし、さらに$1+0=1$とすれば1が答えとなります。

いろいろな説明のしかたがある項目ですが、ここでは前項の合同式の応用として扱います。

① まず$10\equiv1 \pmod{9}$を前提にします。

② すると　$10\times10\times\cdots\cdots\times10\equiv1\times1\times\cdots\cdots\times1 \pmod{9}$
となるので、10，100，1000，10000，……のように10を何乗かした数はすべてmod9で1と合同です。

③ ですから、たとえば、

$700000\equiv7\times100000\equiv7\times1\equiv7 \pmod{9}$

$5000\equiv5\times1000\equiv5\times1\equiv5 \pmod{9}$

のように、10の何乗かに1桁の整数をかけた数は、すべてその1桁の数と、9で割った余りが同じになります。

④　そこで、

$$3124 \equiv 3 \times 1000 + 1 \times 100 + 2 \times 10 + 4$$
$$\equiv 3 + 1 + 2 + 4$$
$$\equiv 10 \equiv 1 \pmod{9}$$

となります。これは「各桁の数をどんどん足して得た数」と「元の数」を9で割った余りが等しいことを示します。

ちなみに同じようにして簡単に余りが出るのが11で割ったときです。

これは$10 \equiv -1 \pmod{11}$であることから、

$$100 = 10 \times 10 \equiv 1 \pmod{11}$$
$$1000 = 100 \times 10 \equiv -1 \pmod{11}$$
$$10000 = 1000 \times 10 \equiv 1 \pmod{11}$$

などとすると、同じ3124についていえば、11で割った余りは、

$$3124 \equiv -3 + 1 - 2 + 4 \equiv 0 \pmod{11}$$

とすることで、余りは0（割り切れる）ということがわかるわけです。

【練習問題】

次の各数を9で割った余りと11で割った余りをそれ

ぞれ求めよ。

48256

103384

58×7345

77777×54321

余談ですが、7722を99で割った余りはすぐにわかりますか？　答えはなんと0です！

$7722 = 77 \times (99+1) + 22 \equiv 77 + 22 = 99 \equiv 0 \pmod{99}$

からわかりますね。同様に、6138など2桁ずつ区切って足すと99になる数は、みな99で割り切れます。

38. 168と216の最大公約数をどう計算するか
——互除法もどき

9と12との最大公約数を求めよという問題ならば、$9=3\times3$　$12=2\times2\times3$　のように素因数分解すれば答えはすぐに3とわかりますし、少し慣れてくれば即座に答えは3とわかるでしょう。

最大公約数を求めるときに問題になるのは、2つの大きな数の最大公約数を求めたいとき（その2つの数が分母と分子であって約分をしたいとき）、どのような方法があるかということです。

そこで標題の例で方法を説明しましょう。

①　216から168を引きます。48になります。

②　この48が216や168の約数でないかをすばやく確かめます。この場合はだめです。

③　そこで、48の約数（なるべく大きなもの）で216の約数はないかを探します。すると、48の半分の24は、216が$240-24$であることに気がつけば216の約数であるとわかります。

④　そこで最大公約数は24に決定します。

では、なぜこんな方法で最大公約数を求めることができるのでしょうか？　説明しましょう。

216と168の最大公約数をGとします。

すると、216も168もそれぞれGがいくつか集まってできた数です。

そこで、216から168を引くと（取り去ると）、これはGがいくつかからGが別のいくつかを取り除いたものなので、やはりGがいくつか分です。

だから、差の48はGがいくつか分です。

そこで、Gを求めるためには48の約数を探せばよいということになります。

$$
\begin{array}{l}
216 — G\ \ G\ \ G\ \cdots\cdots\ G\ \ \underbrace{G\ \cdots\cdots\ G}_{48} \\
168 — G\ \ G\ \ G\ \cdots\cdots\ G
\end{array}
$$

ここで少し難しいことも考えてみましょう。

Gは実は168と48との最大公約数でもあるのです。これは次のように説明できます。

①　Gは168の約数でもあり、48の約数でもありますから、「最大」かどうかはまだわかりませんが、168と48の公約数の1つであることは確かです。

②　つまり、168と48の最大公約数はGの何倍かになっているはずです。

③　そこで168と48との最大公約数をKとおくと、KはGのいくつか分。つまり、$K=mG$（mは整数）とおけます。

④　ところでこの場合、次の図を見ていただければわかる通り、216も168もmGの何倍かになっています。

216 —— mG mG …… mG mG mG …… mG

168 —— mG mG …… mG mG　（mG …… mG の部分が48）

⑤　したがって、mGは168と216の公約数ということになりますが、もともとGを216と168との最大公約数として定義したのですから、mGはGより大きいというようなことはありえません。だから、mは1でなければならず、168と48との最大公約数はやはりGであることがわかるわけです。

さて、ここでわかったことは、AとBの最大公約数を（A, B）と表す場合、

(216, 168) = (168, 48)

ということです。

では、168と48について同じような操作をして最大公約数を見つけることはできないでしょうか？

実は次のようにすればよいのです。

①　168から48の何倍かを引くことを考え、

168＝3×48＋24 と出す。

② 168 と 48 の最大公約数を G とおくと、

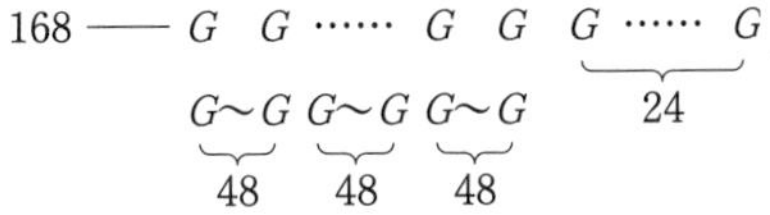

$$168 \text{ ―― } G\ G \cdots\cdots G\ G\ \underbrace{G \cdots\cdots G}_{24}$$

$$\underbrace{G\sim G}_{48}\ \underbrace{G\sim G}_{48}\ \underbrace{G\sim G}_{48}$$

となっているので、G は 24 の約数である。

③ そこで (168, 48) ＝ (48, 24) となるが、48 と 24 との最大公約数は 24 であることが明らかなので、答えは 24。

このように、次々と割り算をすることによって、最初の 2 数の最大公約数を求める問題を「より小さい 2 数の最大公約数を求める問題」に変換していき、最大公約数を求める方法を、「ユークリッドの互除法」と呼んでいます。

ただし、標題の例では最後まで互除法を実行するより、途中まで「互除法もどき」をして、あとは目視で最大公約数を求めたほうが手っ取り早いということです。

実用的には、ほとんど 1 回引き算（大÷小が 2 以上であれば、割り算をして余りを出す作業）をすれば、最大公約数を求めることができます。

背景に互除法というしくみを連想すると、計算力の幅が広がるわけですね。

【練習問題】

次の2数の最大公約数を求めよ。

273と286

319と377

1558と1634

突然ですが、この項の最後にまた、数学感覚を磨くクイズを出してみましょう。

「mは自然数で、2つの自然数（$2m+7$）と（$m+1$）の最大公約数は1ではないそうです。では、その最大公約数はいくつですか？」

答えは5です。

互除法の要領で、（$2m+7$）から（$m+1$）2個分を引くと、$(2m+7)-2(m+1)=5$　です。そこで最大公約数は5の約数である1か5ですが、1ではないと問題文にありますので、残る候補の5に決定します。

39．52×48，53×47，54×46の大小をどう比べるか
──数の感覚……大きさ比べ（1）

計算力を高めるためには、数に対して鋭い感覚を持っておくことが必要です。

そこで、計算力を高めるためには、単に計算をするだけではなく、この項目の標題である「大きさ」などについての感覚も養っておかなければなりません。

本題に入る前の前座ですが、次のような問題が出ると一瞬「うっとつまる」人はいませんか？

問題：「3.6÷0.27　3.6÷0.28　3.6÷0.29 のうちで一番大きな数はどれですか？」

こうした問題を出された場合、計算をしはじめたら、それだけで数のセンスはないものとみなさなければなりません。

「正の数で割る場合には、小さい数で割ったほうが答えは大きくなる」
という感覚さえあれば、答えは 3.6÷0.27 に決まっていて、計算の必要などないのです。

これは、たとえば36個のりんごを2人で分ける場合と3人で分ける場合とではどちらのほうが1人あたりの取り分は多いのだろう？（大勢で分けたほうが1人

あたりの取り分は少なくなるに決まっていますよね）などということを考えたことがあれば、それからの類推ですぐにわかることです。

さて、では標題の大小比べですが、普通のやり方をすれば（第33項を参考にして）、

① $52 \times 48 = 50 \times 50 - 2 \times 2$

② $53 \times 47 = 50 \times 50 - 3 \times 3$

③ $54 \times 46 = 50 \times 50 - 4 \times 4$

ですから③が一番小さく、②、①の順に大きくなっていくことがわかります。

ところで、これをこんなふうにもイメージできます。

下の2つの図は、周の長さが同じ（したがって、たて＋横も同じ）2つの長方形（下のほうは特に正方形）ですが、どちらのほうが面積が大きいでしょうか？

見るからに正方形のほうですよね。

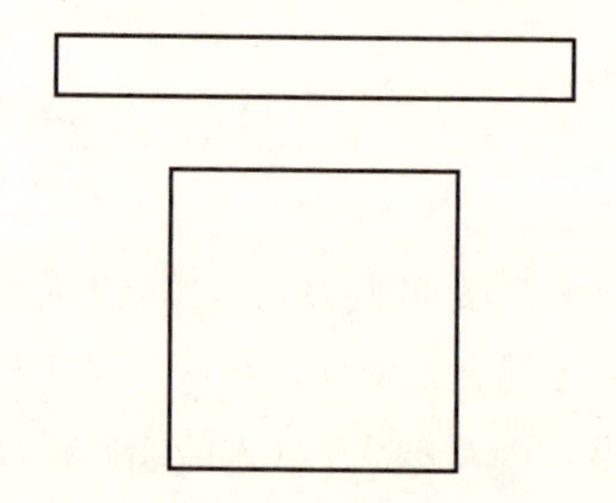

このようにして、どうやら「$a+b$ が一定の値のときには、a と b の差が小さいときほど $a\times b$ の値は大きくなる」らしいことが推測できます。

もちろん感覚的な理解は、最終的には厳密に証明されなければならないのですが、感覚を持っていること自体は大切です。

では、この項では練習問題はつけませんが、
$30\times30\times40$ と $33\times33\times34$ のどちらが大きいかを、感覚的に考えてみてください。

40. $\frac{3}{5}$, $\frac{4}{7}$, $\frac{5}{9}$の大きさをどう比べるか
――数の感覚……大きさ比べ（2）

次の子どもたちの会話をお聞きください。

子どもA「やっぱり、通分するしかないんじゃないかなあ。たとえば、$\frac{3}{5}$と$\frac{4}{7}$を通分すると、分母は35で、分子はそれぞれ21と20でしょう。だから、$\frac{3}{5}$のほうが大きい。そこで今度は$\frac{4}{7}$と$\frac{5}{9}$とを通分すると、分母は63で、分子は36と35だから、$\frac{4}{7}$のほうが大きい。これで、大小順がみんな決定したよ」

子どもB「僕もそのやり方がいいと思うよ。でも、2つずつ通分するときは、通分したときの分子だけ注目すればいいわけだから、たとえば3×7と4×5を暗算で計算して大きさを比べるだけでいいよね」

子どもC「でもさ、この3つの分数、何か規則的に並んでない？」

子どもA「どういうこと？」

子どもB「そうか、分母は2ずつ増えてる。分子は1ずつ増えてる」

子どもA「それが大小と何の関係があるの？」

子どもC「だって、いってみればはじめは『5分の3』で『2分の1』より大きいじゃん。それに『2分の1』を足すようなもんだから、足せば足すほど2分の1に近づいていく。つまり減っていくということだよね」

子どもA「何となくわかるけど、『2分の1』を本当に足すわけじゃないよね。そこのところがどうもしっくりこないよ」

皆さんはこの会話を聞いてどう思われますか。

子どもAのやり方は本来の正当なやり方です。しかし、実は子どもCの感覚は非常に鋭いのです。

たとえで説明しましょう。

濃いジュースの原液に、水を混ぜてジュースを作るとします。

原液300gに水200gを混ぜれば、全体で500gとなりますが、このとき原液の全体に対する割合（つまり「ジュースの濃さ」）は$\frac{3}{5}$です。さて、ここで原液を100g、水を100g追加すると、「全体200g、そのうち原液は100gのジュース」つまり、「濃さ」が$\frac{1}{2}$のジュースを混ぜたことになります。

すると、濃いものに「より薄いもの」を混ぜたことになりますから、当然やや薄くなりますよね。

ところで、よく考えてみてください。

これは $\frac{300}{500}$ → $\frac{300+100}{500+200}=\frac{3+1}{5+2}$ ということを意味しています。薄くなったのですから、当然 $\frac{3}{5}$ より $\frac{3+1}{5+2}$ のほうが小さいということになります。

こうして分子に1、分母に2を加えるたびに、この分数の規則的な列はどんどん小さくなっていき、最後は $\frac{1}{2}$ に近づいていくのです。

こうした感覚も、数を扱う上では大切です。

【練習問題】

次の3数を小さい順に左から並べよ。

$\frac{5}{6}$, $\frac{6}{7}$, $\frac{7}{8}$

$\frac{26}{135}$, $\frac{27}{138}$, $\frac{28}{141}$

コラム　PISAのテストが測るもの

OECDが行なう通称PISAという学力テストをご存じでしょうか？　3年ごとに実施されるもので、結果が出るたびに日本のマスコミは「国際順位が下がった」「学力低下だ」と大騒ぎします。

ところが、このテストの特殊性や中身まで知っている人はきわめて少ないのです。問題文が長いので、かいつまんで説明すると、たとえば「ゼッドランドとドルという2つの通貨があって、ゼッドランドを通貨とする国からドルを通貨とする国に行ったとき1ゼッドランドは4ドルだった。この人が300ゼッドランドを両替したら何ドルになるか。さらに、その人は帰るときにも余ったお金を両替したがそのときのレートは1ゼッドランド4.2ドルになっていた。レートが変わったことはこの人にとって得だったか損だったのか理由もつけて答えなさい」というような問題が出て、各問題は「公共の場面」「私的場面」というような区分で分類されています。

対象学年は高1のみ。各国の高校1年生（にあたる生徒）に、こうした「日常生活で簡単な四則計算を使ったり、判断をしたりできますか？」（一口にいえば、あなた生活常識は大丈夫でしょうね）と聞いているのがPISAのテストです。

もちろん2次方程式も三角比も、ましてベクトルなど出ません。

また、数学という学問はえてして「物事を抽象化して眺め」「論理でいろいろな事象をつなぎ合わせ」「深い思考力を要求する」ものなのですが、このテストにはそういう要素は一切なく、ただただ「具体的な場面に小学校5年生程度の算数を応用できるかどうかを、高校1年生相手に訊く」テストなのです。

だから、このテストで測られている能力は、高度な意味でのいわゆる「数学力」ではなく、「日常で算数を使える力」、つまり「適応力」とでもいうべきものです。したがってPISAでもそれを数学力とは呼ばず「数学的リテラシー」と呼んでいます。

さて、これからが本題なのですが、このテストの結果を取り扱う日本のマスコミの姿勢は、実に大問題だといえます。

つまり、測られている能力が上記のような学力である以上、経年変化の実態すらほとんど比較対照できないのに、「数学力の低下」として「学力低下の問題」をあおるのはきわめて不適切です。

一方で、実は上記の問題の理由を答えさせる設問に対して日本の高校1年生の正答率は50%くらいしかありません。

つまり、日本の高校１年生の半分に「算数を生活の中で操る常識」が欠如(けつじょ)しているわけで、そちらのほうは大問題。

ただ、普通に考えれば学校で教えるのは「算数」であって、「算数を生活の中でどのように使うか」まで教えようとしたら、それこそ学校は手取り足取り、生徒の生活まで面倒を見なければならなくなり、負担の重すぎる学校が立ち行かなくなることは目に見えています。

こうした「常識」を身につけさせるのは、本来は親の役割、周囲の社会まで含めた「家庭」の役割で、それでも足りないところだけを学校が補うという程度の役割分担が適切なはずです。

ということは、日本では家庭の約半分は「子どもに常識を身につけさせる」という役割を果たしていないことになります。

こうした本質的な議論（家庭での常識の伝達機能の崩壊をどうするか）を、「カリキュラムが悪い」「ゆとり教育のせいだ」とすりかえるのは、とんでもない悪質な行為です。

要するに「新聞」などの報道機関は、読者に向かって「君たち家庭の責任だ」とはいわずに、「『考える力』を育てないつめこみ教育をするカリキュラムを改善すべきだ」「日本の数学教育はまちがっている」と話をすりかえているわけで、ほとんど「リテラシー」のない記者が深い考えもなく読者におもねる記事を書く新聞なら、そんな報道はないほうがまだましでしょう。

第3章

文字式の計算（中学校レベル）

中学校範囲の計算が、小学校範囲の計算と一番違うところは、それが「文字式」についての計算であることです。

x, yといった文字が出てきて、それについての式を計算しなければなりません。

文字が出てくるということは、より抽象的で、より一般的になったということです。

ですから、計算の法則性が深くわかればむしろ小学校レベルの計算より面倒くさくはないものが多いのですが、法則性がわからないとその抽象的な難しさに意味がわからず右往左往することになりがちです。

本書は小学校レベルの計算を主としますので、中学校レベルの計算に深くは踏み込みません。ただ、意味さえわかればすぐにできる基本的な計算についてはいくつかを取り上げています。

また、特に発展性のある計算の話題についてもいくつか取り上げてみました。そうした難しいレベルの計算の項目には☆印をつけておきました。

41. $3(3x-2y)-4(2x-3y)$ をどう計算するか
――同類項ごとに係数だけを暗算する

中学校に入ると文字式の計算が出てきます。

この文字式の計算、原理的には普通の数の計算と違ったところはないのですが、「同類項をまとめる」という操作がいままでとは少し変わったものとして意識されます。

標題の問題も「1次式の同類項をまとめる」問題なのですが、普通学校で教えるときには次のようにします。

$3(3x-2y)-4(2x-3y)$

$=9x-6y-8x+12y$　（まず分配法則で括弧を外す）

$=x+6y$　（同類項をまとめる）

このくらいの手数の問題であれば、これでも十分に暗算できるでしょうが、暗算に慣れた人はまず上記のような方法では計算していません。

次のように考えているのです。

①　まず x の項だけを考える。

係数だけを見ると、$3\times3-4\times2=1$

②　次に y の項だけを考える。

係数だけ見ると、$3\times(-2)-4\times(-3)=6$

そこで答えは $x+6y$ と出すわけです。

このように同類項ごとに分類し、しかも係数だけを取り出して暗算するのが定石（じょうせき）だといえましょう。

この、「同類項ごとに係数だけを取り出して暗算」という計算方法は、1次式の計算では複雑になればなるほど威力を発揮しますし、もう少し難しくなると、「展開」の計算の際に威力を発揮します。

たとえば、

「$(2-5x+3x^2)(3-2x+x^2)$ を展開して簡単にせよ」

という問題に対して、

定数項は $2\times3=6$

1次の項の係数は $2\times(-2)+3\times(-5)=-19$

2次の項の係数は $2\times1+(-5)\times(-2)+3\times3=21$

3次の項の係数は $(-5)\times1+3\times(-2)=-11$

4次の項の係数は $3\times1=3$

というように、かけてその次数になる組合せを探して係数だけを暗算すれば、答えは、

$6-19x+21x^2-11x^3+3x^4$

というようにあっという間に出てきます（次ページの図参照）。

1次の項の係数

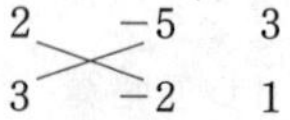

```
2    -5    3
  ×
3    -2    1
```

2次の項の係数

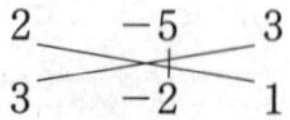

```
2    -5    3
  ＼  |  ／
3    -2    1
```

3次の項の係数

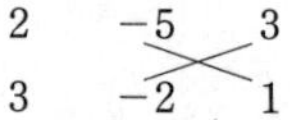

```
2    -5    3
        ×
3    -2    1
```

4次の項の係数

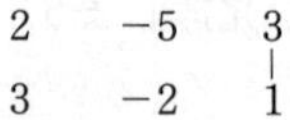

```
2    -5    3
           |
3    -2    1
```

このように、ある項の同類項だけを抜き出して、しかもその係数だけを取り出して、その係数についての暗算を行なう技術が、文字式の暗算には必須だといえます。

この項目は少したくさんの練習問題をつけますので、慣れてみてください。

【練習問題】

$2(x-3y)-3(y-3x)=$

$3(2x+5y)-4(x-6y)=$

$5(x-2y+1)-3(2x-3y-4)=$

$3(x-y+z)-2(x-3y-4z)-(3y-x)=$

$2(3x-2y)-\{3(x-y)-2(4x-3y)\}=$

$\{4x-3(1-2x)\}-\{1-3(1-5x)\}=$

$(3-2x+x^2)(1+2x+3x^2)=$

コラム　放っておけ（!?）……生徒の能動性

実は私は本書を書くのに少し抵抗がありました。「こうした暗算技術は、本来教えるべきものでなく、自分で苦労して編み出すものではないか。そうした苦労がないと実力は本物にならないのではないか」という懸念（けねん）があるからです。

実際、できる生徒の大部分は、別に習ったわけではないのに自然と暗算ができるようになるのです。

また昔から経験的に指摘されていることですが、「自ら進んで開発したことはあとになっても忘れないが、受け身の学習姿勢で他人から習い覚えさせられたことはすぐに忘れてしまう」ものです。

つまり、生徒の側にかなりの能動性がなければ、教育は無駄なものになってしまうのではないか。むしろ、たくさんの問題を与えて「これを暗算で解いてみな」といってからあとは放っておくほうがはるかに教育効果があるのではないか、とも考えるのです。

しかし私はあえてこの本を書きました。放っておくと、9割以上の人が工夫の糸口さえつかめず、途方に暮れ、数学の学習から離れていってしまうからです。

本書を手にしてくださった皆さんは、この本を「参考」にしながらも、あくまで「自力」「能動性」をモットーにして暗算に取り組んでほしいと願います。

42. $(-2x^2y)^3 \div (-4x^4y^2)^2 \times 2x^5y^3$をどう計算するか
——指数法則を利用する

中学になると $x \times x \times x$ などという表記は長ったらしいので、簡潔に x^3 という表記法で同じことを表します。

この x の右肩に書かれた数を「指数」と呼び、x が何回かけられているかを表します。

この、指数で表されている文字式同士をかけたり割ったりするとどうなるかというのが「指数法則」です。

そこで、まず x だけしかない場合を考えてみましょう。

（1）　$x^m \times x^n = x^{m+n}$

これは、x を m 個かけた数と、x を n 個かけた数とをかけあわせると、

$$\underbrace{\underbrace{(x \times x \times \cdots\cdots \times x)}_{m\text{個}} \times \underbrace{(x \times x \times \cdots\cdots \times x)}_{n\text{個}}}_{(m+n)\text{個}}$$

となるので x を $(m+n)$ 個かけた数になることがわかります。

いわば、かけ算は「指数同士の」足し算に直るのですね。

（2）　$x^m \div x^n = x^{m-n}$

これは、割り算は分数と考え、分子に x を m 個並べ、分母に x を n 個並べて約分すればわかります。

たとえば、$x^5 \div x^3 = x^{5-3} = x^2$ です（下図参照）。

5個

$$\frac{\cancel{x \times x \times x} \times x \times x}{\cancel{x \times x \times x}}$$

3個

ところで、$m-n$ の結果がもしも負の整数になったり0になったりしたら、以下のように考えます。

■　x^{-m} は $\dfrac{1}{x^m}$ と考えればよい。

（分母と分子とで約分したら、分母のほうに x が m 個残ったということ）

■　$x^0=1$ と考えればよい。

（分母と分子とで打ち消しあって約分したら1となったということ）

（3）　$(x^m)^n = x^{m \times n}$

（1）とこれの区別が一番間違えやすいところです。

これは x が m 個かけられている数を1セットとして、このセットが n 個かけあわされているということですから、図解すれば、

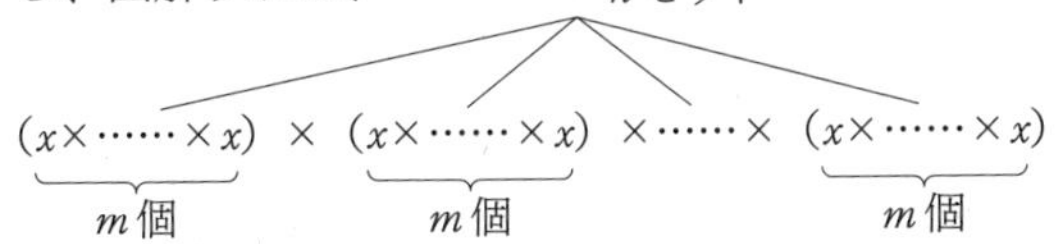

となって、かけあわされているxの個数が合計$m \times n$個となることからわかります。

指数のついた数をさらに何乗かすると、今度は指数同士のかけ算となるわけです。

くれぐれも（1）と（3）とを混同しないようにしてください。

さて、これがわかると、次のような計算がすぐにできるようになります。

$\{(x^2)^3 \div x^4 \times x^3\}^2$

これは、xの指数だけに注目すればよいのです。

xの指数は、中括弧の中が、$2 \times 3 - 4 + 3 = 5$となり、さらにこれを2乗するのですから、$5 \times 2 = 10$となります。

つまり、x^{10}が答えです。

ここまでできてしまえば、標題の問題は次のようにできます。問題を再掲すると、

$$(-2x^2y)^3 \div (-4x^4y^2)^2 \times 2x^5y^3$$

これを解いてみましょう。

基本的な考え方は、符号、定数係数、x、yの順にそれぞれ別々に計算することです。

① 符号……マイナスははじめに3個、次に2個かけられていますから全部で5個。つまり奇数個かけられ

ているので、全体としてはマイナスが1つつきます。

② 定数係数……$2^3 \div (2^2)^2 \times 2$ となるので、

2の $3-2\times2+1=0$ 乗になり　1

③ x…… $(x^2)^3 \div (x^4)^2 \times x^5$ となるので、

指数は、$2\times3-4\times2+5=3$　よって x^3

④ y……$y^3 \div (y^2)^2 \times y^3$　となるので、

指数は、$3-2\times2+3=2$　よって y^2

以上をまとめて、$-x^3y^2$ が答えになります。

ひとまず丁寧にスローモーションでお見せしましたが、慣れてきたらこれを暗算ですばやく行なうわけです。

ポイントは「符号、定数、それぞれの文字」の順に個別に行なうことです。うっかりと最初に（　）を外して、それを書き並べたりしはじめたら、大変な時間がかかってしまいます。

【練習問題】

$x^3 \div x^2 \times x^5 =$

$x^2 \div (x^3)^3 \times (x^5)^2 \div x^3 =$

$(x^6)^3 \div x^3 \div (x^8)^2 =$

$-9x^2y^4 \div (-3x^2y)^2 \times (-xy)^3 =$

$(2x^3y)^3 \div 27xy^2 \times (6x^2y)^4 =$

43. $\frac{2x-3}{3}-\frac{3x-2}{4}$をどう計算するか
── 分数形の1次式の計算と1次方程式

第41項（P130）で解説した通り、1次式の計算は同類項ごとに、係数だけを暗算していくのがよい方法です。

この項目で取り上げる「分数形の1次式」でも、この原則は変わりません。

ただし、分数形の1次式では、「通分」という操作が必要になってきます。

そこで、まず標題の計算をやってみましょう。

① 通分した分母を12と出す。

② $\frac{4(2x-3)-3(3x-2)}{③\times④}$ ←これが分子

上に図解したように、分子は$4(2x-3)-3(3x-2)$を計算するのと同じことになります。

分数2つの足し算では、右図のように視線が対角線に向いていましたが、ここでも同じようになります。

$\frac{b}{a}+\frac{d}{c}$

注意点は、－（　　－○）の形をしているときは、＋○となる（○の符号がプラスになる）ということで、練習してここさえ間違えないようにすればミスは大幅に減るでしょう。

さて、$\frac{5x-2}{6}-\frac{3x-4}{8}$のように、通分したあとで分母が、元の分数2つの分母の積になっていない場合（このケースでは分母は24となり、6×8=48とは異なる）が、少し問題です。

分母を48として強引にいままで通りのやり方で計算してから、（分母は実は24だなと考えて）分子を半分にするのも一法です。

しかし、やはり分母を24として、左側の分子に4をかけ、右側の分子に3をかけて計算するほうが速いでしょう。

私が自分でやっているときに頭がどう働いているかを考えてみたところ、分母ははじめから24とし、ただし、例の「対角線にかける」計算のときには、6と8がそれぞれ約分された3，4とイメージされていました。

暗算の基本は「計算法則にのっとりさえすれば、自分で工夫していろいろな技を開発して結構」ということですから、このあたりはもっとも速い方法はどれかということにこだわることはないでしょう。

ちなみに答えは、

（分子のxの係数は5×4−3×3=11、定数項は3×4−

$2\times4=4$ と出して)、$\dfrac{11x+4}{24}$ となります。

さて、分数形の1次式の計算と混同されやすいのが、分数形の1次方程式です。たとえば次のような問題です。

問題：次の方程式を解け。

$$1-\frac{3x-4}{2}=\frac{2(x-1)}{3}$$

このような問題では、ミスをしないように何段階もの式を丁寧に書いて通分計算していく人が多いようですが、いつまでもそれしかできなければ、いちいちミスをしないように注意して書くだけでも大変です。

できる人は大概は次のようにするでしょう。

① 通分すれば分母は6だが、あとで両辺に6をかけてしまえば、分母は関係ない。

② したがって、例の1次式を計算したときの方式で、分子のみに注目していればよい。

③ まずxの係数だけを考えると、左辺では、-3×3で-9、右辺では$2\times2=4$となっている。

どうせ最後にはxの係数で割り算をして答えを出すのだから、xは右辺に集めたほうがよさそうだ。そこでx

の項を右辺に集めるために、係数の計算としては、4+9=13と出しておく。

④　すると、今度は定数項は左辺に集めなければならない。これは、$6-(-4)\times 3+2\times 2=22$

⑤　最後に、22を13で割って、$\frac{22}{13}$が答えとなる。

もちろん、これは超スローモーションでお見せしたもので、慣れてきた人は、これを数秒でやるでしょう。

ポイントは、

■　分子の係数だけに注目すること

■　xの係数だけ、定数項だけをそれぞれ個別に計算すること

■　xの係数がプラスになるほうの辺にxの項を集めること

の3つで、この基本をこなして暗算に慣れれば、かなり複雑な問題でも、みな暗算で解けるようになります。

【練習問題】

次の計算をせよ。

$$\frac{3x-2}{2}-\frac{5x-4}{7}=$$

$$\frac{3x-1}{8}+\frac{x-5}{12}=$$

$$1-\frac{2x-3}{4}+\frac{x-2}{3}=$$

次の１次方程式を解け。

$$\frac{2x-1}{3}=\frac{x+6}{5}$$

$$\frac{2x-3}{3}-\frac{5x-1}{4}=1$$

44. 連立方程式 $\begin{cases} 3x-2y=4 \\ 2x+3y=7 \end{cases}$ をどう解くか
―― 連立方程式と暗算

方程式を解く際の基本は、＝（イコール）の取り扱い方です。

＝の記号の左側を左辺、右側を右辺と呼ぶわけですが、その際、＝の記号は天秤（てんびん）のようなものだと教えられます。

つまり、＝の右側と左側との大きさがつりあっている状態を、＝という記号で表しているとイメージするわけです（下図参照）。

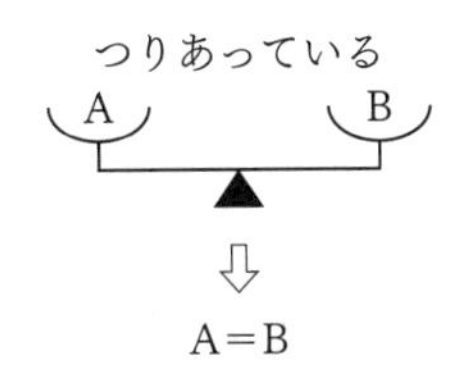

＝の左辺と右辺にそれぞれ同時に同じ操作を施しても、「つりあい」すなわち＝は保たれます。

すなわち、

① ＝の両辺に同じ数を足しても、

② ＝の両辺から同じ数を引いても、

③ ＝の両辺に同じ数をかけても、

④ ＝の両辺を（0 以外の）同じ数で割っても、

つりあった状態、すなわち＝は保たれるというのです。

この①〜④が「等式に施してよい式変形」です。

方程式を解くとは、与えられた式にこれらの式変形を何回か施して、xやyを単独で求める、つまり「$x=$……」「$y=$……」の形にすることを意味します。

ちなみに、①〜④と実質上は同じことですが、2つの式があった場合には次の操作ができます。

$A=B$

$C=D$

上の2つの式が成り立っているときには、

$A+C=B+D$ ……⑤

$A-C=B-D$ ……⑥

も大丈夫です（成り立ちます）。

⑤の操作を「辺々足す」、⑥の操作を「辺々引く」と呼びます。

さて、標題の連立方程式を普通に解いてみましょう。

$$\begin{cases} 3x-2y=4 \\ 2x+3y=7 \end{cases}$$

まず、上の式の両辺に3をかけ、下の式の両辺に2をかけてyの係数をそろえます。すると、

$$\begin{cases} 9x-6y=12 \\ 4x+6y=14 \end{cases}$$

となります。そこで今度は、この2式を「辺々足し」ます。すると、$13x=26$ となります。

さらに両辺を13で割って、$x=2$ と x の値が出ました。

y のほうは、同じように今度は x の係数をそろえてもよいのですが、はじめの $3x-2y=4$ の x に2を代入して、$6-2y=4$ より、$y=1$ と求めてもよいでしょう。

さて、この項目の課題は、これを暗算でやることです。すると、

① y の係数をそろえるためには、はじめの式を何倍してあとの式を何倍すればよいのかを考えることが第一です。この場合には、はじめの式は3倍、あとの式は2倍して、「辺々足す」わけですね。

② そこで、まず x の係数だけ注目し、はじめの式の x の係数3を3倍、あとの式の x の係数2を2倍して暗算で足します。$3\times3+2\times2=13$ です。

③ 次に、この操作で y は消えるように仕組んだわけですから、今度は右辺の定数項だけに注目して同じ操作を施します。$4\times3+7\times2=26$ となります。

④ これら13と26を頭の中にとっておいて、「13分の26」を計算すれば答えが出ます。$x=2$ です。

このように、y の係数をそろえて消すための操作をは

じめに考えておき、あとは「xの係数だけ」「定数項だけ」に同じ操作を施して、最後に「xの係数で割れば」暗算で答えが求められるわけです。

同じように、xの係数をそろえて消す操作を考えておけば、今度はyの値が求まるわけですね。

この程度の連立方程式（x, yの係数や定数項が整数で、式が上記の問題のようにきちんと整理されている）については、いちいち式変形の過程を書かずとも、暗算で求められるようにしておいたほうがよいでしょう。

なお、次のような連立方程式の場合には、上記のような方法を用いずとも、あっけなく答えが出ます。

$$\begin{cases} 3x+2y=8 \\ 2x+3y=7 \end{cases}$$

これはきわめて特殊な形の場合に限るのですが、上記のような場合、まず辺々足してしまいます。すると、$5x+5y=15$ と x, yの係数がそろいます（ここがポイント）。そこで、両辺を5で割ると、$x+y=3$。

つまり、x 1個とy 1個の和が3です。

あとは、xが2個でyが2個だと6になるのですから、最初の式と比べて $x=2$（以下省略）。

このように、等式を変形する規則さえ間違えなければ、何をしても自由ですので、なるべく簡単に答えが出るような工夫をするわけです。

【練習問題】

$$\begin{cases} 4x-3y=10 \\ 2x+5y=-8 \end{cases}$$

$$\begin{cases} 3x+5y=1 \\ 2x+3y=1 \end{cases}$$

$$\begin{cases} 2x+5y=11 \\ 5x+2y=17 \end{cases}$$

☆45. 連立方程式 $\begin{cases} 3x-4y=4 \\ 2x+3y=7 \end{cases}$ をどう解くか
——連立方程式とクラーメルの公式

まず、標題の連立方程式を、前項の要領で暗算で解いてみましょう。

答えは、$x=\dfrac{40}{17}$, $y=\dfrac{13}{17}$ となります。分数形ですからやや複雑な感じがします。と同時に、少し不思議なことに気がつきませんか？

両方とも複雑な分数なのですが、分母は同じです。

そこで、この「不思議」を探究するために、係数を文字でおいて、一般化された形の連立方程式を解いてみましょう。

$$\begin{cases} ax+by=e \\ cx+dy=f \end{cases}$$

前項の要領で、暗算でこの連立方程式を解きましょう。

上の式を d 倍、下の式を b 倍して辺々引くと y の項が消えることを見抜きます。

同じ操作をすると、x の係数は $ad-bc$, 定数項は $de-bf$ ですから、$x=\dfrac{de-bf}{ad-bc}$ です。

y を求めるために今度は、上の式を c 倍、下の式を a 倍して、今度は下の式から上の式を辺々引いて x の項を消す操作を考えます。すると、y の係数は $ad-bc$、定数

項は $af-ce$ ですから、$y=\dfrac{af-ce}{ad-bc}$ です。

よく見ると、分母が同じ $ad-bc$ ですから、約分などの操作がない限り、分母が等しくなることは容易に想像できます。

ここで導いた $x,\ y$ の値が一般的な連立方程式の解を求める公式といえそうですが、これはずいぶんと覚えにくいでしょう。

そこで、この項目ではこの公式の背景にある1つの考え方を紹介して、この公式を覚えやすい形にすることを目標とします。

さて、そのためには今では高校から大学のカリキュラムにうつされてしまった、「行列と行列式」という概念を導入しなければなりません。

ここでは、次のようなもの（2行2列という）に話をしぼって説明します。

$\begin{pmatrix} a & b \\ c & d \end{pmatrix}$のように、（　）の中にたて横に数字が規則的に2行2列に配置されているものを（2行2列の）行列といいます。

また、この行列に対して、$\begin{vmatrix} a & b \\ c & d \end{vmatrix}$という記号で表されたものを「行列式」と呼び、これは $ad-bc$ のことであると定義します。

ここまでの言葉の意味は、まず必ず覚えてください。

ちなみに、$ad-bc$ は左下の図のようなイメージで覚えるとよいでしょう。

$ad-bc$

「対角線にかけてから引く」ということです。

また、$\begin{pmatrix} x \\ y \end{pmatrix}$ の形をしたものを、2行1列の「縦ベクトル」あるいは2行1列の「行列」と呼びます。

さて、ここからが大切です。

数学ではこのような行列、縦ベクトルを「数」とみなし（普通の数の意味を拡張したもの）、これらの数の間に、次のようにかけ算を定義します。

（1） 2行2列の行列と縦ベクトルのかけ算

$$\begin{pmatrix} a & b \\ c & d \end{pmatrix}\begin{pmatrix} x \\ y \end{pmatrix}=\begin{pmatrix} ax+by \\ cx+dy \end{pmatrix}$$

(右図参照のこと)

$$\begin{pmatrix} a & b \\ c & d \end{pmatrix}\begin{pmatrix} x \\ y \end{pmatrix}=\begin{pmatrix} ax+by \\ \end{pmatrix}$$

（2） 行列と行列のかけ算

$$\begin{pmatrix} a & b \\ c & d \end{pmatrix}\begin{pmatrix} x & z \\ y & w \end{pmatrix}=\begin{pmatrix} ax+by & az+bw \\ cx+dy & cz+dw \end{pmatrix}$$

（2）をよく見ると、これは、

$$\begin{pmatrix} a & b \\ c & d \end{pmatrix}\begin{pmatrix} x \\ y \end{pmatrix}=\begin{pmatrix} ax+by \\ cx+dy \end{pmatrix} \quad と \quad \begin{pmatrix} a & b \\ c & d \end{pmatrix}\begin{pmatrix} z \\ w \end{pmatrix}=\begin{pmatrix} az+bw \\ cz+dw \end{pmatrix}$$

を横につなげて書き並べたものであることがわかりますね。

さて、実は行列のかけ算と、行列式の間には次の不思議な関係が成り立ちます。

つまり、$\begin{pmatrix} a & b \\ c & d \end{pmatrix}\begin{pmatrix} x & z \\ y & w \end{pmatrix}=\begin{pmatrix} ax+by & az+bw \\ cx+dy & cz+dw \end{pmatrix}$

を考えると、行列式についても、

$$\begin{vmatrix} a & b \\ c & d \end{vmatrix}\begin{vmatrix} x & z \\ y & w \end{vmatrix}=\begin{vmatrix} ax+by & az+bw \\ cx+dy & cz+dw \end{vmatrix} \quad \cdots\cdots（3）$$

が成り立つのです。

この証明には高度な方法もあるのですが、そこまでくるとほとんど大学課程の数学になってしまいますから、ここでは素朴な計算で、（3）を示すことにしましょう。

定義に従って（3）を書きかえると、

$$(ad-bc)(xw-yz)$$
$$=(ax+by)(cz+dw)-(cx+dy)(az+bw)$$

となります。

左辺は展開すると、$adxw-bcxw-adyz+bcyz$ となり、右辺は展開すると、

$$acxz+adxw+bcyz+bdyw-acxz-bcxw-adyz-bdyw$$
$$=adxw-bcxw-adyz+bcyz$$

となって、結局両者は一致します。

さて、以上の少々大げさな道具を用いて、連立方程式の解法を考えてみましょう。

すると、

$\begin{pmatrix} a & b \\ c & d \end{pmatrix}\begin{pmatrix} x \\ y \end{pmatrix}=\begin{pmatrix} ax+by \\ cx+dy \end{pmatrix}$ が $\begin{pmatrix} e \\ f \end{pmatrix}$ に等しいことから、

文字で一般化した連立方程式は、

$$\begin{pmatrix} a & b \\ c & d \end{pmatrix}\begin{pmatrix} x \\ y \end{pmatrix}=\begin{pmatrix} e \\ f \end{pmatrix}$$

と表せることがわかります。これと、

$$\begin{pmatrix} a & b \\ c & d \end{pmatrix}\begin{pmatrix} 0 \\ 1 \end{pmatrix}=\begin{pmatrix} b \\ d \end{pmatrix}$$

をまとめて、並べて書けば、

$$\begin{pmatrix} a & b \\ c & d \end{pmatrix}\begin{pmatrix} x & 0 \\ y & 1 \end{pmatrix}=\begin{pmatrix} e & b \\ f & d \end{pmatrix}$$

となります。ここで両辺の行列式に注目すると、

$$\begin{vmatrix} a & b \\ c & d \end{vmatrix}\begin{vmatrix} x & 0 \\ y & 1 \end{vmatrix}=\begin{vmatrix} e & b \\ f & d \end{vmatrix}$$

これより、$\begin{vmatrix} x & 0 \\ y & 1 \end{vmatrix} = x = \dfrac{\begin{vmatrix} e & b \\ f & d \end{vmatrix}}{\begin{vmatrix} a & b \\ c & d \end{vmatrix}}$

がわかります。これは、先ほど求めた公式と同じことですが、分母も分子も行列式の形をしています。

yについても同じことで、同様な行列式の操作により、

$y = \dfrac{\begin{vmatrix} a & e \\ c & f \end{vmatrix}}{\begin{vmatrix} a & b \\ c & d \end{vmatrix}}$ となります。これを（連立方程式の解を求める）クラーメルの公式といいます。

では、これがなぜありがたい公式なのか考えてみてください。

分母も分子も係数が規則的に並んでいます。ですから例の「対角線にかけて引く」という計算の要領さえわかってしまえば、xを出すときに、分母、分子をそれぞれ暗算で出してから計算することができます。

たとえば標題の連立方程式$\begin{cases} 3x-4y=4 \\ 2x+3y=7 \end{cases}$ の場合、

xは、$3\times3-2\times(-4)=17$が分母。xの係数である3と2の代わりに定数項の4と7をおきかえてから同じ要領

で計算した、$4\times3-7\times(-4)=40$ が分子の分数となります。

y は同じ 17 が分母。今度は y の係数を定数項でおきかえて同様の要領で計算した、$3\times7-4\times2=13$ が分子の分数となります。

図解すると下の図のようになります。

これをよく観察して、計算練習をすると、連立方程式はあっという間に解けるようになります。

ただし、理屈がわからないまま公式だけ丸覚えしても得にはなりませんから、上記の原理くらいは理解してから、「なるほど深い理屈が背景にあるのだな」と感じながら使うようにしましょう。

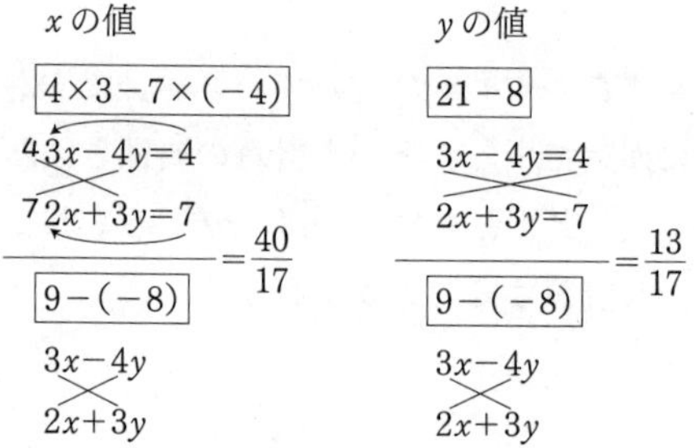

x の値

$$\frac{\boxed{4\times3-7\times(-4)}\quad \begin{matrix}4\ 3x-4y=4\\ 7\ 2x+3y=7\end{matrix}}{\boxed{9-(-8)}\quad \begin{matrix}3x-4y\\ 2x+3y\end{matrix}}=\frac{40}{17}$$

y の値

$$\frac{\boxed{21-8}\quad \begin{matrix}3x-4y=4\\ 2x+3y=7\end{matrix}}{\boxed{9-(-8)}\quad \begin{matrix}3x-4y\\ 2x+3y\end{matrix}}=\frac{13}{17}$$

【練習問題】

$$\begin{cases} 2x-5y=8 \\ 5x+3y=7 \end{cases}$$

$$\begin{cases} 4x+3y=1 \\ 5x+7y=2 \end{cases}$$

$$\begin{cases} 3x-4y=4 \\ 4x-3y=5 \end{cases}$$

$$\begin{cases} 5x-4y=2 \\ 2x+9y=11 \end{cases}$$

$$\begin{cases} 3x+2y=4 \\ 2x+3y=9 \end{cases}$$

コラム　なぜ塾に行くのか？

私は塾業界に住んでいながら、業界では異端児です。公然と塾批判もしますし、そもそも私自身、受験生時代に塾に通ったことがないのです。

私は「勉強は基本的には書物を読んでするものだ」という考え方を持っていますから、「他人から教えてもらいに」塾に行くという発想が若いころはどうにも理解できませんでした。

塾の講師をするようになってからは、「なるほどな。幼いころから本を読む練習が足りない人が多いのだな。これでは塾に通うのもやむをえないか」と考えだしました。

ところが昨今ではできる生徒まで塾漬け状態です。

そこでこの間、すごくできるクラスで「君たちはなぜ自力で本を読んで勉強せずに塾に来るのだ？」と訊いてみました。するとそんなことは訊かれたことがなかったらしくとまどっていたのですが、やがて「だって、みんな塾に行っているから」「塾に行かないと不安だから」という答えが異口同音（いくどうおん）に返ってきました。

私としては、「できる生徒」が本を読まずに「塾に頼りきり」で、自力で学習できなくなることのほうがよほど不安です。勉強の王道はあくまで「自力で本を読むことだ」と私はいまでも思っているのです。

46. 方程式$\begin{cases} x+y=7 \\ y+z=6 \\ z+x=9 \end{cases}$をどう解くか

——もっとも単純な3元連立1次方程式

x, y, zと3つの未知の量があって、そのうち2つずつを足した値は3つともわかっている……。

これが標題の3元連立1次方程式です。

このタイプの方程式は応用例が幅広く、たとえば3辺の長さがわかっている三角形に円が内接した形で、各頂点から接点までの長さを求める場合もこの方程式の形になります（下図参照）。

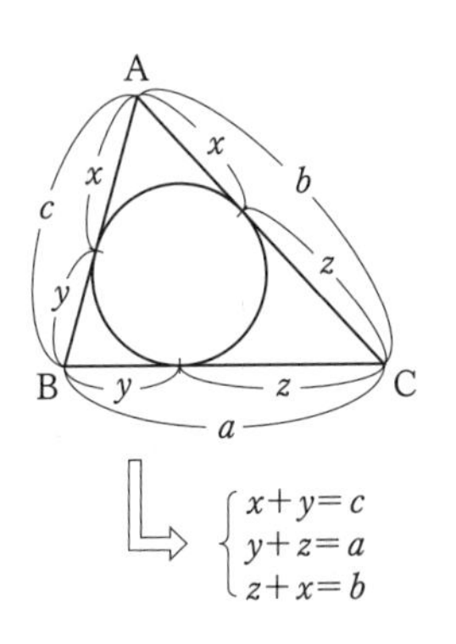

では、この方程式は、暗算ではどう解くのでしょうか？

2つの方法を紹介します。

（1） これらの式をすべて辺々足します。すると、

$2x+2y+2z=22$

となります。

両辺を2で割れば、

$x+y+z=11$（もちろんここまで暗算で出します）。

これをはじめの式と比べれば、$z=4$

次の式と比べれば、$x=5$

最後の式と比べれば、$y=2$

が次々とわかります。x, y, zを1つずつ足した値を求めるのがミソだったわけですね。

（2） xが1個、yが2個、zが1個……13

（はじめの2つの式を〈辺々〉足した式）

xが1個、　　　　zが1個…… 9（最後の式）

とを比べると、yが2個で4とわかります。そこでyは4の半分の2です。あとは、はじめと2番目の各式からyの値2を引くことで、x, zの値を出します。

どちらの方法もマスターしておいたほうがよいでしょう。

ところで、一見形が似た次の問題は解けますか？

$$\begin{cases} x+2y=4 & \cdots\cdots ① \\ y+2z=7 & \cdots\cdots ② \\ z+2x=7 & \cdots\cdots ③ \end{cases}$$

こうなると急に難しくなりますね。やり方は（いろいろありますが）、たとえば、

③式$-2\times$①式で$z-4y=-1$として、この式を②式と連立させて解きます。後は紙幅の都合で答えのみ記すと、$x=2$, $y=1$, $z=3$です。

基本は一文字を消去することですが、ここまでくると暗算では（工夫の余地はあるが）やや難しいでしょう。

【練習問題】

$$\begin{cases} x+y=11 \\ y+z=14 \\ z+x=7 \end{cases}$$

$$\begin{cases} x+y=10 \\ y+z=7 \\ z+x=9 \end{cases}$$

$$\begin{cases} x+y=5 \\ y+z=6 \\ z+x=15 \end{cases}$$

47. $3xy-6y+2x-4$をどう因数分解するか
――因数分解（1）1次の文字についての整理

因数分解は展開の逆で、いくつかの項の和になっている式を、2つ（以上）の式の積に直す操作です。

基本的な公式は、

$x^2+(a+b)x+ab=(x+a)(x+b)$

$x^2\pm 2ax+a^2=(x\pm a)^2$

$x^2-a^2=(x+a)(x-a)$

の3つで、中学で習う因数分解のはじめは、

① 共通因数があれば、分配の法則の逆を使ってこの共通因数を括（くく）り出す。

例：$2xy+4y^2=2y(x+2y)$

② 上記の3公式を利用する。

を徹底して繰り返し訓練することになるわけですが、これからの3項では、そこまでは暗算でできることを前提として、そこから外れたタイプの因数分解の暗算を取り扱っていきます。

事実、それ以外の因数分解は「暗算」でできずに「ノートに書いて」する人が大変多いのですが、数学ができる人の大半は、そうした問題も暗算でやっているものです。

ではやり方です。標題の問題に取り組んでみましょう。

① 観察するポイントは、「文字がいくつあるか」「それぞれの文字について、その式は何次の式か」ということです。この問題の場合、x, yの2つの文字があり、どちらについても1次式です。

② 1次式になっているほうの文字が含まれている項だけに着目します。この問題の場合は、x, yのどちらについても1次式なのでどちらの文字について整理してもよいでしょう。ここでは、xを主役にしてxの含まれている項だけ抜き出すと、$3xy$と$2x$です。

③ ②で抜き出した項だけ、分配の法則の逆を用いて、共通因数を取り出し因数分解します。

$x(3y+2)$ となります。

④ この、$(3y+2)$ が1つの因数になっているのです。そこで、残りの項をよく見て、$3y+2$の何倍になっているか考えます。すると、$-6y-4$は$3y+2$の-2倍です。

そこで答えは $(3y+2)(x-2)$ となるのです。

これをすばやく暗算で行なうわけです。

もう1題例を出します。3文字の式$3x^2+xy-3z^2+yz$のような場合も、まずyを主役にして眺めれば1次式であることに注目して、yを含んだ部分だけを$y(x+z)$としてみます。すると残りの部分が、

$3x^2-3z^2=3(x+z)(x-z)$ となるので、これをドッキングして、答えは$(x+z)(3x+y-3z)$ となりますね。

【練習問題】

次の式を因数分解せよ。

$6xy-2x-3y+1$

$xz+2yz-2x-4y-z+2$

$2x^3+x^2+2x-x^2y-y+1$

$2x^2-3xy+6xz-9yz-4x+6y$

$x^2y-4y+2x^2-8$

48. $x^2-2xy+y^2-x+y-2$の因数分解
——因数分解（2）おきかえによる因数分解

$(x-y)^2-(x-y)-2$　……☆

という式が与えられたとします。この式はどのように因数分解するのでしょうか。

中学の初歩の段階では次のように教えられます。

①　$x-y$という「カタマリ」が2つ出てきているから、この「カタマリ」をAとおきかえよう。

すると、A^2-A-2となる。

②　これを因数分解すれば、$(A-2)(A+1)$となる。

そこで、Aに元の$x-y$を代入すれば、

$(x-y-2)(x-y+1)$

となり、これが答えである。

この問題、実は標題の$x^2-2xy+y^2-x+y-2$とまったく同じ式です（☆を展開すると標題の式になる）。

本当は標題の式から、ほとんど暗算によるノータイムで、上級者は因数分解をしてしまうのですが、いちいちおきかえの文字Aを書いてから元に戻さないとできなかったり、はじめの式がそもそも☆の式に直せなかったりする人がかなり多く見受けられます。

上級者の頭の中は、超（？）スローモーションで解説すると次のようになっているのです。

① はじめの3項 $x^2-2xy+y^2$ は $(x-y)^2$ と部分的に因数分解できるな（これは見たとたんにひらめきます）

② すると、おそらく $(x-y)$ というカタマリがそれ以外にできているのではないかな（と推測する）

③ 次を見て、「ああ、$-x+y$ だから、$-(x-y)$ と同じことだ」（と考える）

④ ここですでに因数分解の最終の形は、

$(x-y+\cdots\cdots)(x-y+\cdots\cdots)$

のような形になることがわかっています。そこで、

A^2-A-2 の A の係数 -1 と定数項 -2 を式の形から見抜きます。定数項のほうは簡単ですから、特に A の係数だけ注意して、

$(x-y-2)(x-y+1)$

とするわけです。

慣れればやさしい因数分解ですが、③の符号の処理でとまどう人が多いので注意が必要です。

【練習問題】

次の各式を因数分解せよ。

$(x+y)^2-4(x+y)+4$

$x^2-2xy+y^2-3x+3y-4$

$x^2-4xy+4y^2+2x-4y-8$

$x^2-6xy+9y^2-4x+12y-12$

$4x^2-12xy+9y^2-12x+18y+8$

49. $3x^2+7x+2$をどう因数分解するか
——因数分解（3）たすきがけと因数定理

標題のようなタイプの因数分解は「たすきがけ」という方法で行ないます。

この式が $(ax+b)(cx+d)$ という形に因数分解されることを想定すると、

$3x^2+7x+2=(ax+b)(cx+d)$

となります。

ここで右辺を展開したときの、x^2, xの係数と定数項を考え、それらが左辺の x^2, xの係数と定数項に等しいと考えると、

$ac=3$

$ad+bc=7$

$bd=2$

となります。

つまり、a, b, c, dを配置したとき、右図に図解したようになっているのです。

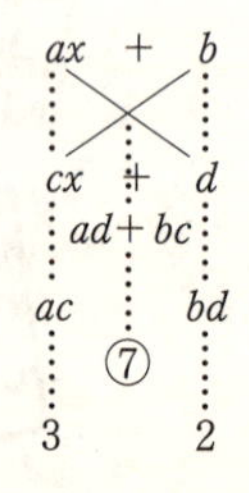

さて、そうなるような a, b, c, dを発見してみましょう。

acはかけて3ですから、かけて3になるような数を探すと、この場合は3と1

という組合せしかありません。

そこでまず右図のように書きます。

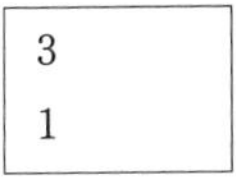

3
1

次に bd はかけて2ですから、かけると2になる組合せを探すと1と2だけです。

しかし、上から順に書く方法は1，2の順番と、2，1の順番と2通りありますから、2通り書いておきます(右下の図1・2参照)。

このうち、対角線にかけたもの同士の和が7になるほうが正しい組合せです。

図1

3　1
1　2　……7

図2

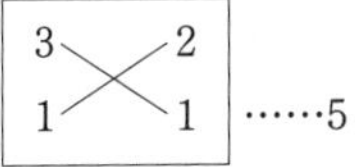

この場合は、図1のほうが正しい組合せなので、因数分解の結果は、

$(3x+1)(x+2)$

となります。

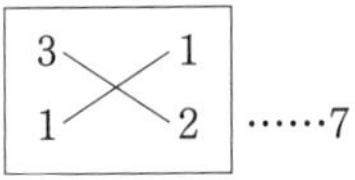

この操作をすばやく頭の中で行なうのが、たすきがけの因数分解の暗算です。

操作に慣れる前はもちろん図を書いて考えるわけですが、慣れてきたあとも図を書かないと気がすまない人が多く見受けられます。

これはあまり感心しません。

たとえば、

$6x^2-x-12$

を因数分解する場合、6のほうは（6, 1）（2, 3）と2つの分解方法があり、−12のほうは（−1, 12）（−2, 6）（−3, 4）（−4, 3）（−6, 2）（−12, 1）とそれを逆の順序にしたいろいろな場合があるわけですから、いちいち書いていたのでは発見するまでにひどく時間を食います。

ですから、かなりの部分は「カンと暗算力」に頼ることになります。

たとえばこの問題の場合には、adとbcの絶対値の差が1になるわけですが、$abcd$をすべてかけると6×12で72ですから、72を1違いの2数の積に分解すると8×9しかないことはすぐにわかります。

すると、9のほうは3×3しかありえませんから、aとdは3と3、cとbは2と4とまず見当をつけます。

あとは適当に＋−の符号を考えれば、

$(3x+4)(2x-3)$

という正解にたどりつくでしょう。

ところで、このたすきがけの因数分解には、少し高度なウラワザがあります。

方程式の解の考え方を因数分解に応用するのです。

試しに$3x^2-5x+2$を因数分解してみましょう。
実はこの式のxに1を代入すると、
$3-5+2=0$
というように式の値は0になります。
この場合、$3x^2-5x+2$は必ず$(x-1)$という因数を持ちます。
次に理由を説明します。
$3x^2-5x+2=(x-1)(ax+b)+c$ $(c \neq 0)$ ……☆
のようになれば定数項cが残るので因数分解できないわけですが、このようなことはありえないのです。
なぜでしょうか？
☆印の式は、どのようなxについても成り立つ式のはずです（単に式変形しただけですから）。
そこで、☆式の両辺のxに1を代入してみましょう。
すると、左辺は先ほどの通り0となります。右辺は$(x-1)$の部分が0になるので、cだけが残ります。
そこで、実はcは0でなければならないということになります。
このような理由で、$3x^2-5x+2$は必ず$(x-1)$という因数を持つのです。
ということは、あとはもう1つの因数が$(3x-2)$になることは、2次の項の係数、定数項を考えてみれば明らかですね。

このように、ax^2+bx+c の形の式は、$x=k$ を代入したときの値が0になれば、必ず $(x-k)$ を因数に持ちます（これが標題の因数定理の特別な場合です）。

そして、$6x^2-x-12$ のような場合にもこの考え方を使えるのです。

結果論ですが、因数分解すると $(3x+4)(2x-3)$ になりましたね。つまり、

$6x^2-x-12=(3x+4)(2x-3)$

となっているわけです。両辺の x に $\frac{3}{2}$ を代入することを考えてみてください。

右辺はもちろん0になります。ですから左辺も0になるはず。

逆に考えると、整数 m、n、k、l を使って

$6x^2-x-12=(mx-n)(kx-l)$

と因数分解されるなら、$x=\frac{n}{m}$ を代入したとき、左辺は0になるはずですが、$mk=6$ より m は6の約数、$nl=-12$ より n は12の約数ですから $\frac{12の約数}{6の約数}$ の形をした数で、$6x^2-x-12$ に代入したとき0になる数を探せばよいのです。

まとめると、ax^2+bx+c を因数分解するときには、

$\dfrac{c\text{の約数}}{a\text{の約数}}$ の形をした数で、元の式に代入すると0になるような数を見出すことができればよいのです。

それが $\dfrac{q}{p}$ であれば、元の式は $(px-q)$ を因数に持つことになります。

さらにいえば、この $\dfrac{q}{p}$ という数は、
方程式　$ax^2+bx+c=0$ の解になっていますから、
2次方程式の解の公式で $\dfrac{q}{p}$ を求めちゃえ！　という発想も成り立つわけですね。

ただし、これらの方法はちょっと考えて、たすきがけがうまくいかない場合や、係数を足したり引いたりするとうまく0になる場合に主に用いられるもので、あまり乱用しないほうがよいでしょう（かえって計算が面倒なこともあります）。

【練習問題】

次の各式を因数分解せよ。

$2x^2-5x+2$	$5x^2-2x-7$
$3x^2-2x-1$	$4x^2-17x-15$
$3x^2-8x+4$	$3x^2-5x-2$
$6x^2-13x+6$	$6x^2-7x+1$
$5x^2+2x-7$	$6x^2-7x-3$

50. $\sqrt{30}\div 2\sqrt{35}\times 7\sqrt{2}$をどう計算するか
―― 無理数のかけ算と交換・結合の法則、同類項

$\sqrt{}$のついた数のかけ算、割り算はいろいろなタイプがあるので、以下に暗算する際の注意点を列挙していきますが、基本になるのは、

$$\sqrt{a}\times\sqrt{a}=a$$

という事実をどのくらい有効に使えるかということです。

あとは普通のかけ算、割り算とまったく同じことです。

① $\sqrt{15}\times\sqrt{6}$

このくらいの計算だと、「15＝3×5、6＝3×2」を見抜いて「$\sqrt{3}$が2つ出てくるから、3を$\sqrt{}$の前に括り出してあとは$\sqrt{}$の中は二五10だな。だから、$3\sqrt{10}$」としてもよいし、はじめに$\sqrt{}$の中の15と6をかけて90と出し、$\sqrt{90}=3\sqrt{10}$としても手間は変わりません。

② $\sqrt{42}\times\sqrt{30}\times\sqrt{35}$

このレベルの計算になると、すべてかけてから$\sqrt{}$の外に括り出す作業は大変です。

42……6と7

30……5と6

35……5 と 7

のようにすばやく九九で分解して、$5\times6\times7=210$ と見抜かなければなりません。その際、42 をうっかり $2\times21=2\times3\times7$ などと最後まで素因数分解してしまうと、かえって遅くなりますから注意が肝要です。

③　$\sqrt{15}(2\sqrt{3}-\sqrt{5})-\sqrt{6}(3\sqrt{2}-\sqrt{30})$

このような問題を見ると上級者は必ず、「ああ、分配法則を使ってから同類項をまとめるような問題だな」と見当をつけます。

$\sqrt{15}$ は $\sqrt{3}\times\sqrt{5}$ です。そこでこれを（$2\sqrt{3}-\sqrt{5}$）にかけると、$2\sqrt{3}$ のほうは $\sqrt{3}\times\sqrt{5}\times2\sqrt{3}=6\sqrt{5}$ のように $\sqrt{5}$ の同類項となります。このように、どの素因数が $\sqrt{\ }$ の外に出て、どの素因数が $\sqrt{\ }$ の中に残るかをすばやく認識することが大切です。

このように暗算を少しした時点で（ほとんど一瞬）、$\sqrt{3}$ の同類項と $\sqrt{5}$ の同類項とが出てくるだろうと見当をつけて、あとは同類項ごとにそれぞれ別々に計算します。

$\sqrt{3}$ のほうは、$-5\sqrt{3}-6\sqrt{3}\ \ \rightarrow-11\sqrt{3}$

$\sqrt{5}$ のほうは、$6\sqrt{5}+6\sqrt{5}\ \ \rightarrow12\sqrt{5}$

になるので、答えは、$12\sqrt{5}-11\sqrt{3}$ です。

④　$\sqrt{30}\div2\sqrt{35}\times7\sqrt{2}$

標題の計算ですが、いろいろな工夫の仕方がありそうです。私なら、

30÷35 で、$\frac{6}{7}$

→　この$\sqrt{\ }$の中の分母の7とかけられている7で約分して、分子の$\sqrt{\ }$の中に7が残る

→　ここで分子に残っているのは$\sqrt{\ }$の中の6と7と2

→　分母には2（$\sqrt{4}$）が残っているから、約分して、分子には3と7が残る

→　答えは$\sqrt{21}$

のようにしそうですが、そのときの気分によって

$2\sqrt{35}=\sqrt{140}$　$7\sqrt{2}=\sqrt{7}\sqrt{14}$

→　あとは簡単な約分で$\sqrt{21}$

とすることもできそうです。いずれにせよ、やりやすい方法をそのつど自分で工夫して、経験を積むことが大切です。

⑤　$(2\sqrt{2}-\sqrt{3})^2$

素直に展開すれば、$(2\sqrt{2})^2-2\times2\sqrt{2}\times\sqrt{3}+(\sqrt{3})^2$となるわけですが、この順番に展開していちいちノートにメモをとったりしていたのではたまりません。

まず、$2\sqrt{2}$と$\sqrt{3}$をそれぞれ2乗して足して、11。

次に、$2\sqrt{2}$と$\sqrt{3}$と2をかけて$4\sqrt{6}$。

最後に真ん中の符号を見ながら、$11-4\sqrt{6}$と答えを出

すべきでしょう。暗算ではこれを一瞬で行ないます。

⑥ $(3+2\sqrt{2})^2(3-2\sqrt{2})^3$

うっかりと式の特徴を見ずに、これを最初から展開していてはたまったものではありません。

$(3+2\sqrt{2})(3-2\sqrt{2})=3^2-(2\sqrt{2})^2=1$

を利用して、答えは、$3-2\sqrt{2}$ となります。

これは、$2^2\times5^3$ を計算するのに、4×125 としてから計算するよりも、$(2\times5)^2\times5=100\times5=500$ としたほうがよいことと似ています。

【練習問題】

$\sqrt{35}\times\sqrt{110}\times\sqrt{77}=$

$(\sqrt{7}-2)^2-(\sqrt{7}-1)^2=$

$\sqrt{3}(\sqrt{6}-\sqrt{2})-\sqrt{2}(3-2\sqrt{3})=$

$(\sqrt{2}-1)^{10}(3+2\sqrt{2})^7=$

51. $\frac{6-2\sqrt{6}}{\sqrt{3}}-\frac{3\sqrt{6}-4}{\sqrt{2}}$をどう計算するか
——無理数の分数式と分配法則

前項では、$\sqrt{a}\times\sqrt{a}=a$が$\sqrt{\ }$のついた数のかけ算の基本だという説明をしました。

この式を少し変形すると、$\frac{a}{\sqrt{a}}=\sqrt{a}$となります。

感覚的には、分子のaとは$\sqrt{a}$2つ分（がかけられたもの）であり、これを分母の$\sqrt{a}$と約分すれば分子に$\sqrt{a}$が1つ残るというしくみになっています。

これが、$\sqrt{\ }$のついた数の割り算の基本です。

① $\frac{15}{\sqrt{5}}$

これは分子の15を九九の逆で3×5と分解しておき、そのうちの5と分母の$\sqrt{5}$とを約分すれば、分子に1つ$\sqrt{5}$が残ります。そこで答えは$3\sqrt{5}$です。

② $\frac{6-2\sqrt{6}}{\sqrt{3}}-\frac{3\sqrt{6}-4}{\sqrt{2}}$

これは標題の計算です。

$\sqrt{\ }$のついた数が分母にくるときは、$\sqrt{\ }$が単独である場合には分母に同じものをかけて（もちろん分子にも同じものをかけて）分母を有理化するのが、正統な方法です。

しかし、この場合には、分配法則を適用して、

$$\frac{6-2\sqrt{6}}{\sqrt{3}}-\frac{3\sqrt{6}-4}{\sqrt{2}}=\frac{6}{\sqrt{3}}-\frac{2\sqrt{6}}{\sqrt{3}}-\frac{3\sqrt{6}}{\sqrt{2}}+\frac{4}{\sqrt{2}} \quad \cdots\cdots☆$$

のように「約分感覚」で考えてから「同類項を見抜く」方式で暗算したほうがよほど速いでしょう。

すると☆式右辺の第2項と第4項とはマイナスとプラスで消え、第1項と第3項をまとめれば、答えは$-\sqrt{3}$になります。

もちろん、分母が$\sqrt{}$のついた無理数になる場合は、たいていお決まりの方法で「分母の有理化」を実行するわけですが、上記のような方法も時と場合によって結構有効であるということは、1つの暗算方法として覚えておいて損がないと思います。

【練習問題】

$$\frac{6-2\sqrt{3}}{\sqrt{2}}-\frac{2\sqrt{6}-3\sqrt{2}}{\sqrt{3}}=$$

$$\frac{10-2\sqrt{15}}{\sqrt{5}}+\frac{5\sqrt{6}-\sqrt{10}}{\sqrt{2}}=$$

$$6\left(\frac{1-\sqrt{6}}{\sqrt{3}}-\frac{\sqrt{6}-3}{\sqrt{2}}\right)=$$

52. $\left(\frac{\sqrt{3}-\sqrt{2}}{2}\right)^2-\left(\frac{\sqrt{3}-\sqrt{2}}{2}\right)\left(\frac{\sqrt{3}+\sqrt{2}}{2}\right)+\left(\frac{\sqrt{3}+\sqrt{2}}{2}\right)^2$ をどう計算するか

――無理数の計算と対称式による整理

実は標題くらいの計算だと、そのまま強引に計算しても暗算でたいした手間ではないのですが、ここでは「強力な手法」を紹介するために標題の式を例として取り上げました。

まず、やり方から説明します。

① $x=\frac{\sqrt{3}-\sqrt{2}}{2}$, $y=\frac{\sqrt{3}+\sqrt{2}}{2}$ とおきます。

② すると、x^2-xy+y^2 の値を求めればよいことになります。

③ ここがミソなのですが、

$x+y=\sqrt{3}$, $xy=\frac{1}{4}$ は暗算でも出ます。

④ ②の x^2-xy+y^2 を、$x+y$ と xy の式で整理します。すなわち、

$$x^2-xy+y^2=(x+y)^2-3xy$$

⑤ あとは③で出した値を代入して、$3-\frac{3}{4}=\frac{9}{4}$

これが答えです。

よく見ると、

③で、$x+y$, xy の計算が簡単にできること。

④で、与えられた式が $x+y$, xy の式ですぐに整理でき

ること。

この2つができれば、この計算はスムーズに行くことがわかりますね。

実は④では次のことが知られています。つまり、x, y の2つの文字からなる式の場合、「x と y とをすべて式の中で交換しても、全体として式が変わらないなら」この式は「x と y についての対称式」であるといいます。

たとえば、上の式　x^2-xy+y^2 について見ると、x と y とを交換すれば、y^2-yx+x^2 となって、これは項の順序を変更しただけで、全体として元の式と変わりませんから対称式です。

詳しい証明は難しいので省きますが、

「対称式は $x+y$ と xy の式だけで整理できる」

という定理があります。

そこで、「対称式だな」と思ったら、この項で説明した手法を使ってみるとよいのです。

簡単なところでは、x^2+y^2, $x^2+axy+y^2$, $\frac{1}{x}+\frac{1}{y}$, $\frac{y}{x}+\frac{x}{y}$ の各式はみな対称式です。

それぞれを $x+y$, xy の式で表せば、

$$x^2+y^2=(x+y)^2-2xy$$

$$x^2+axy+y^2=(x+y)^2+(a-2)xy$$

$$\frac{1}{x}+\frac{1}{y}=\frac{x+y}{xy}$$

$$\frac{y}{x}+\frac{x}{y}=\frac{x^2+y^2}{xy}=\frac{(x+y)^2-2xy}{xy}$$

となります。

　こうした式変形に習熟することも、計算の達人になる1つの要件なのです。

【練習問題】

　$x=\frac{2}{\sqrt{6}-\sqrt{2}}$, $y=\frac{2}{\sqrt{6}+\sqrt{2}}$ であるとき、次の式の値を暗算で求めよ。

$x+y$

xy

x^2+y^2

$\frac{1}{x}+\frac{1}{y}$

$\frac{y}{x}+\frac{x}{y}$

$2x^2-xy+2y^2$

コラム できないやつほど脳科学が好きだ ……科学的な学習方法の限界

ひところ、「脳科学」を利用した記憶方法とか、科学的に効果が立証されている「ノートのとり方」とか、「科学的学習方法論」がブームになりました。しかし、正統的な脳研究には敬意を払っても、こうしたブームに引っかかってはいけません。私は身近な「できる人」で、科学的な学習法に熱心な人を見たことがない。こういう「学習法」の信奉者ほどできない人が多いものです。

こうした学習法には部分的にはもっともなものもあるから紛(まぎ)らわしいのですが、それはできる人が昔から経験的に利用してきた手法を「科学」が後追いして裏づけただけのこと。しかも、そうした手法に大量の「ニセ情報」が混在して、素人には見分けがつきません。

そうした学習法の形式的な真似は、学習に有害です。勉強に熱中する人が学習方法も自然に身につけていくのに対し、方法論だけ聞きかじった人は、その方法論の「応用」ができない上、間違った方法論まで聞きかじります。その上、そもそも熱意と実行力と困難に立ち向かう力がともなわない。

科学的な学習方法論派が「熱中派」の学力を上回るには、最低でもあと数百年はかかりそうな雲行きです。

暗算も方法論より、まず熱中することが大切です。

☆53. $\dfrac{2-\sqrt{3}}{2+\sqrt{3}}+\dfrac{2+\sqrt{3}}{2-\sqrt{3}}$をどう計算するか
——共役無理数の利用

標題のような計算は、もちろん基本にのっとって分母の有理化を行ない、「同類項」をまとめるわけですが、それを手っ取り早く行なうために1つ知っておいたほうがよい知識があります。

まず、標題の「共役無理数」という言葉について説明しましょう。

a, b, cを有理数として、$\sqrt{c}$は無理数であるとします。このとき、

「$a+b\sqrt{c}$と$a-b\sqrt{c}$は互いに共役な無理数である」

といいます。また、

「$a-b\sqrt{c}$は$a+b\sqrt{c}$の共役無理数である」

ともいいます。

さて、共役無理数についてはどのような性質が成り立っているのでしょうか。

これを調べるために次のようにします。

$x=a+b\sqrt{c}$, $\bar{x}=a-b\sqrt{c}$

$y=d+e\sqrt{c}$, $\bar{y}=d-e\sqrt{c}$

(a, b, c, d, eは有理数、$\sqrt{c}$は無理数)

というように、定めておきます。

xやyの上にあるバーはxやyの共役無理数であることを表します。そして、次のような計算をしてみます。

（1）　$\overline{\overline{x}}=\overline{a-b\sqrt{c}}=a+b\sqrt{c}=x$

（2）　$x+y=(a+b\sqrt{c})+(d+e\sqrt{c})$

$$=(a+d)+(b+e)\sqrt{c}$$

よって、

$$\overline{x}+\overline{y}=(a-b\sqrt{c})+(d-e\sqrt{c})$$

$$=(a+d)-(b+e)\sqrt{c}$$

$$=\overline{x+y}$$

（3）　$xy=(a+b\sqrt{c})(d+e\sqrt{c})$

$$=(ad+bce)+(ae+bd)\sqrt{c}$$

$$\overline{x}\,\overline{y}=(a-b\sqrt{c})(d-e\sqrt{c})$$

$$=(ad+bce)-(ae+bd)\sqrt{c}$$

$$=\overline{xy}$$

（4）　$\dfrac{y}{x}=\dfrac{d+e\sqrt{c}}{a+b\sqrt{c}}=\dfrac{(d+e\sqrt{c})(a-b\sqrt{c})}{(a+b\sqrt{c})(a-b\sqrt{c})}$

$$=\frac{ad-bce+(ae-bd)\sqrt{c}}{a^2-b^2c}$$

$$\frac{\overline{y}}{\overline{x}}=\frac{d-e\sqrt{c}}{a-b\sqrt{c}}=\frac{(d-e\sqrt{c})(a+b\sqrt{c})}{(a-b\sqrt{c})(a+b\sqrt{c})}$$

$$=\frac{ad-bce-(ae-bd)\sqrt{c}}{a^2-b^2c}=\overline{\left(\frac{y}{x}\right)}$$

以上からわかることは、

$\bar{\bar{x}}=x$ （共役無理数の共役無理数は元の数）

$$\left.\begin{array}{l}\overline{x+y}=\bar{x}+\bar{y}\\ \overline{xy}=\bar{x}\,\bar{y}\\ \overline{\left(\dfrac{y}{x}\right)}=\dfrac{\bar{y}}{\bar{x}}\end{array}\right\}\text{四則についてバーは分配できる}$$

ということです。

さて、ここで標題の計算に戻ると、

$x=2+\sqrt{3}$ とおけば、標題の計算は $\dfrac{\bar{x}}{x}+\dfrac{x}{\bar{x}}$ にほかなりません。ところがここで、先ほどの「割り算でバーは分配できるという規則」と「共役無理数の共役無理数は元の数」という規則とを使うと、$\overline{\left(\dfrac{\bar{x}}{x}\right)}=\dfrac{x}{\bar{x}}$ となります。

つまり、$\dfrac{2-\sqrt{3}}{2+\sqrt{3}}+\dfrac{2+\sqrt{3}}{2-\sqrt{3}}$ という計算をするときに、$\dfrac{2-\sqrt{3}}{2+\sqrt{3}}$ のほうさえ計算してしまえば、もう１つはその共役無理数になっているのです。

そこで、計算の上級者はあらかじめそれを見越してから計算をします。

$$\frac{2-\sqrt{3}}{2+\sqrt{3}}=\frac{(2-\sqrt{3})^2}{(2+\sqrt{3})(2-\sqrt{3})}=7-4\sqrt{3}$$

ここまで暗算すれば、もう１つの計算は、計算などしなくとも、その共役無理数の $7+4\sqrt{3}$ だとわかりますから、あとは両者を足して14と答えを出すわけです。

「仕組まれた計算問題」ではいたるところに、共役無理数が顔をのぞかせています。ですから、共役無理数の概念を使えるようになると、暗算がとてもしやすくなるわけです。

【練習問題】

$$(2+\sqrt{5})(3-\sqrt{5})+(2-\sqrt{5})(3+\sqrt{5})=$$

$$\frac{2-\sqrt{2}}{3-2\sqrt{2}}-\frac{2+\sqrt{2}}{3+2\sqrt{2}}=$$

$$\frac{(\sqrt{2}+1)^2}{\sqrt{2}-1}+\frac{(\sqrt{2}-1)^2}{\sqrt{2}+1}=$$

54. $(\sqrt{5}+\sqrt{3}+\sqrt{2})(\sqrt{5}-\sqrt{3}+\sqrt{2})(\sqrt{5}+\sqrt{3}-\sqrt{2})$ $(\sqrt{5}-\sqrt{3}-\sqrt{2})$ をどう計算するか
——特別な展開公式の利用

展開や因数分解を$\sqrt{\ }$のついた数の計算に応用する例もたくさんあります。

以下に、代表的な例を４つ挙げることにしましょう。

（１）$(a+b)(a-b)=a^2-b^2$

という展開を利用するもの。

（例）$(\sqrt{5}+\sqrt{3}+\sqrt{2})(\sqrt{5}-\sqrt{3}+\sqrt{2})$

これは標題の一部分ですが、

$\{(\sqrt{5}+\sqrt{2})+\sqrt{3}\}\{(\sqrt{5}+\sqrt{2})-\sqrt{3}\}=(\sqrt{5}+\sqrt{2})^2-(\sqrt{3})^2$

$=7+2\sqrt{10}-3=4+2\sqrt{10}$

と考えると、すぐに暗算できます。

（２）$a^2-b^2=(a+b)(a-b)$

という因数分解を利用するもの。

（例）$(2+\sqrt{2}+\sqrt{3})^2-(2+\sqrt{2}-\sqrt{3})^2$

これは「左＋右」「左－右」のかけ算に因数分解されますから、$(4+2\sqrt{2})\times 2\sqrt{3}$ と考えて、$8\sqrt{3}+4\sqrt{6}$ のように暗算できます。そのまま展開して計算するのでは結構大変でしょう。

（3） $(x+y)^2+(x-y)^2=2(x^2+y^2)$

$(x+y)^2-(x-y)^2=4xy$

という公式を使うもの。

(例) $(3-\sqrt{2}+\sqrt{3})^2+(3-\sqrt{2}-\sqrt{3})^2$

これは、$2\{(3-\sqrt{2})^2+(\sqrt{3})^2\}=2(14-6\sqrt{2})=28-12\sqrt{2}$

というようにして計算します。

（4）(例) $(\sqrt{5}+\sqrt{3}+\sqrt{2})(\sqrt{5}-\sqrt{3}+\sqrt{2})(\sqrt{5}+\sqrt{3}-\sqrt{2})$

$(\sqrt{5}-\sqrt{3}-\sqrt{2})$

これは標題の計算ですが、2つずつ組み合わせて（1）の方法を2回用いることもできます。また、

$$
\begin{aligned}
&(a+b+c)(a-b+c)(a+b-c)(a-b-c)\\
&=\{(a+c)^2-b^2\}\{(a-c)^2-b^2\}\\
&=\{(a^2-b^2+c^2)+2ac\}\{(a^2-b^2+c^2)-2ac\}\\
&=(a^2-b^2+c^2)^2-(2ac)^2\\
&=a^4+b^4+c^4-2a^2b^2-2b^2c^2-2c^2a^2
\end{aligned}
$$

という、高度ではありますが面白い公式を研究したことがあれば、これにあてはめて、

$25+9+4-30-12-20=-24$

と出すこともできます。

もっとも、これはさすがに高度にすぎておぼえる必要はありません。

【練習問題】

$$(1+\sqrt{2}+\sqrt{3})^2+(1+\sqrt{2}-\sqrt{3})^2$$

$$(1+\sqrt{2}+\sqrt{3})^2-(1-\sqrt{2}-\sqrt{3})^2$$

$$(\sqrt{5}-\sqrt{3}-\sqrt{2})(\sqrt{5}+\sqrt{3}+\sqrt{2})$$

$$(1+\sqrt{3}+\sqrt{2})(1-\sqrt{3}+\sqrt{2})(1-\sqrt{3}-\sqrt{2})(1+\sqrt{3}-\sqrt{2})$$

☆55. $x=2-\sqrt{5}$のとき、x^3-4x^2をどう計算するか
——方程式の利用（次数下げ）

まず、標題の計算を解説しましょう。

そのまま代入して計算するのではいかにもつまりません。

実は次のようにします。

① xが満たす整数係数の２次方程式を作ります。

そのために、$x-2=-\sqrt{5}$と与えられた式を変形しておいてから、両辺を２乗します。

すると、

$x^2-4x+4=5$

となります。そこで、

$x^2-4x=1$ ……☆

がわかります（もちろんこうした操作は頭の中で、つまり暗算で行ないます）。

② 次に、値を求める式を、☆式と比べてみましょう。

すると、☆式の左辺にxをかけたものが右辺であるとわかります。そこで、

$x^3-4x^2=x(x^2-4x)$

のx^2-4xに１を代入して、

$x^3-4x^2=x=2-\sqrt{5}$

これが答えです。

xが満たす方程式を作り、それを利用するところがミソですね。

この考え方は、暗算にこだわらなければ一般にも通用する考え方です。たとえば、「$x=\sqrt{2}-1$ のとき、x^5 を求めよ」などという問題に対して、まず x が満たす方程式を、

$x+1=\sqrt{2}$ $\rightarrow x^2+2x+1=2$ $\rightarrow x^2+2x-1=0$

のように出しておきます。

そして、x^5 を x^2+2x-1 で実際に割り算するのです。

割り算の結果は下図のようになり、

$$
\begin{array}{r}
x^3-2x^2+5x-12 \\
x^2+2x-1 \overline{)\, x^5 \qquad\qquad\qquad\qquad} \\
\underline{x^5+2x^4-x^3 \qquad\qquad\quad} \\
-2x^4+x^3 \qquad\qquad\quad \\
\underline{-2x^4-4x^3+2x^2 \qquad\quad} \\
5x^3-2x^2 \qquad\quad \\
\underline{5x^3+10x^2-5x \quad} \\
-12x^2+5x \quad \\
\underline{-12x^2-24x+12} \\
29x-12
\end{array}
$$

$x^5=(x^3-2x^2+5x-12)\underline{(x^2+2x-1)}+29x-12$

となります。

ここで下線の部分は0ですから、

$x^5=29x-12=29(\sqrt{2}-1)-12=29\sqrt{2}-41$

となるわけです。

方程式と割り算を利用して、求めたい式の次数を下げていく方式なので、これを「次数下げ」といいます。

もっともこのレベルになると、暗算は非常に難しいでしょう。そこで、ちょっとした奥の手もあります。

$x^5=x\times(x^2)^2$ と考えます。

$x^2=-2x+1$

の両辺を2乗すれば、

$x^4=4x^2-4x+1$ で、さらに $x^2=-2x+1$

を使うと、

$x^4=4(-2x+1)-4x+1=-12x+5$ です。

そこで、

$$x^5=x(-12x+5)=-12x^2+5x$$
$$=-12(-2x+1)+5x=29x-12$$

です。

これが慣れてきた場合の暗算の限界でしょう。

あとは、x に $\sqrt{2}-1$ を代入するわけです。

答えは $29(\sqrt{2}-1)-12=29\sqrt{2}-41$ で、もちろん上の答えと一致するわけですね。

【練習問題】

$x=3+2\sqrt{2}$ のとき、

x^2-6x+3 の値を求めよ。

x^3-6x^2 の値を求めよ。

$x^4-12x^3+37x^2$ の値を求めよ。

$x=2-\sqrt{3}$ のとき、

x^2-4x の値を求めよ。

x^3-4x^2 の値を求めよ。

$x^5-8x^4+16x^3+x^2-5x-1$ の値を求めよ。

コラム　昔の中卒の底力

先日、山の中の温泉に旅行に行ったときのこと、60代かと思われるバスの運転手さんが、「1人1700円で大人が2人で……」と暗算して「3400円だな。子どもが1人だから半額で850円、足すと、ええと、4250円かな」。考えながらそう言ってこちらの同意を求め、「中卒だからね。計算は苦手だったから間違ってたらごめんなさいよ」と言うのです。

私は思わず「とんでもない。そのくらい暗算できれば、いまの文系大卒者よりよほど暗算力がありますよ」と口走りそうになったのですが思いとどまりました。

それにしても、塾の講師に応募する有名大学卒の人に17×17を暗算させたところ、1000以上のわけのわからない答えが出てくる時代です。

塾では「父兄（かなりが大卒）の計算力は平均して小学校4年生終了程度」とささやかれています。

知り合いで考えても、昔の中卒の計算力は、現在の短大卒や文系の普通の大学卒並みにあるのではないでしょうか。

ということは、逆に言えば、現在の教育は中学卒業後5年も7年もかけて何をしているのかということになります。ちなみに帰りの運転手さんは若い人でしたが、同じ計算をするのに電卓を叩（たた）いていました。

56. (−1, 3) (2, 9) を通る直線の式をどう出すか
── 直線の式

この項からの４項目で、座標平面におけるいろいろな式や値を暗算で出す訓練をしていきましょう。

まずこの項目は「直線の式を出す」ことです。

一般には直線は次のどちらかで決定されます。

（１） 傾きと、直線上の１点の座標がわかっている場合

（２） 直線上の異なる２点の座標がわかっている場合

本当はこの２つを分類すべきでしょうが、実は（２）のほうは、「y座標の差」÷「x座標の差」を暗算で計算することであっという間に傾きが求まりますので、（１）の場合に帰着します。

そこで、標題の問題をやってみましょう。

①傾きは $(9-3)\div\{2-(-1)\}=2$

②そこで、$y=2x+\cdots\cdots$ と考え、これが (2, 9) を通ることから、$x=2$ を代入する。右辺は $4+\cdots\cdots$ となる。

③そのときのyは実際には９なのだから、４をどうしたら９になるかと考えると、５を足せばよい。

④よって答えは、$y=2x+5$

要は傾きをすばやく出し、1点の座標（どちらでもよい）を選んでそのx座標とかけあわせ、その値をy座標の値にあわせるにはどう調節すればよいかを考えるわけです。

実際、よほど複雑な式でない限りは、この方法で直線の式は暗算で求められます。たとえば、

「(−2, 5)（3, 1）の2点を通る直線の式を求めよ」であれば、傾きは$-\frac{4}{5}$（下図参照）

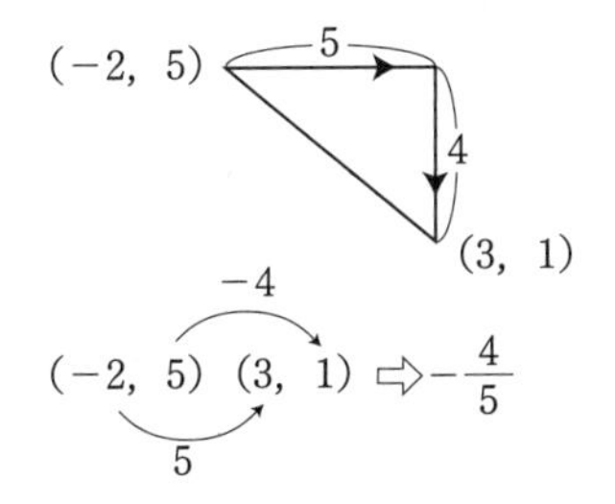

次に、$-\frac{4}{5}\times 3$で、$-\frac{12}{5}$と出しておいて、それを1（$=\frac{5}{5}$）に調節するために、$\frac{17}{5}$を足せばよいと考えれば、答えは、

$$y=-\frac{4}{5}x+\frac{17}{5}$$

となるわけです。

以上が一番基本的な直線の式の求め方ですが、他にもいろいろなテクニックや特別な場合の求め方がありますので、列挙しておきましょう。

（1）2点の座標がわかっている場合の公式

直線が2点（a, b）（c, d）を通る場合には、

$y=\frac{d-b}{c-a}(x-a)+b$ が直線の式です。

これは次のようにわかります。

■　まず、これは x についても y についても1次式ですから直線の式です。

■　次に、傾きは確かに「x の増加量」分の「y の増加量」になっています。

■　さらに、$x=a$, $y=b$ を代入すれば、この式の両辺はともに b になって成り立ちます。

以上より、1点を通り傾きが決まっている直線は1つしかありませんから、これが直線の式にほかなりません。

（2）2点（a, 0）（0, b）を通る直線の式

$\frac{x}{a}+\frac{y}{b}=1$ が直線の式です。

これは次のようにしてわかります。

■　まず、これは x についても y についても1次式ですから直線の式です。

■　次に、$x=a,\ y=0$ のとき、この式は成立。

$x=0,\ y=b$ のとき、この式は成立。

よってこの直線は、2点 $(a,\ 0)$ $(0,\ b)$ を通ります。

以上より、2点を通る直線は1つしかありませんから、これが直線の式にほかなりません。

（3）直線 $ax+by=c$ に平行で点 $(p,\ q)$ を通る直線の式は、$ax+by=ap+bq$ です。

これは次のようにしてわかります。

■　$ax+by=$ 定数　の形の式は直線の式でしかも、$ax+by=c$ に平行です。

■　左辺の x に p, y に q を代入したときに式が成り立たなくてはならないので、

$$ax+by=ap+bq$$

となります。

（例）直線 $2x-3y=1$ に平行で $(1,\ -2)$ を通る直線

→　$2x-3y=8$ $(=2\times1-3\times(-2))$

【練習問題】

次の直線の式を求めよ。

傾きが3で、点 $(1,\ 7)$ を通る。

傾きが -2 で、点 $(-3,\ -4)$ を通る。

2点 $(-1,\ 3)$ $(5,\ -5)$ を通る。

2点（-2, 6）（1, 5）を通る。

2点（3, 5）（-2, 3）を通る。

2点（2, 0）（0, 5）を通る。

直線 $2x+3y=1$ に平行で、点（3, -1）を通る。

直線 $3x-4y=23$ に平行で、点（-3, -5）を通る。

直線 $3x-5y=1$ に垂直で、点（-1, 2）を通る。

☆57．3点（1，5）（3，7）（4，9）を頂点とする三角形の面積をどう計算するか
――座標平面上の三角形の面積公式

実は三角比、ベクトルという高校課程で習う事柄を知っていれば、上記の問題は「暗算10秒」で確実にできるのですが、この書物ではベクトルの基礎から説き起こすだけの紙幅がありません。

そこで、まずやり方を解説してから、そのやり方を読者の皆さんが三角比、ベクトル（ベクトルの内積あたりまで）を多少知っていると仮定して、説明してみます。

1．やり方

① 1点を主役に見ます。どの点でもよいのですが、ここでは（1，5）としましょう。

② 次に、別の2つの点の x，y 座標からそれぞれ1，5を引きます。

つまり、$(3-1,\ 7-5)=(2,\ 2)$

$(4-1,\ 9-5)=(3,\ 4)$

$$\begin{matrix} 2 & & 2 \\ & \times & \\ 3 & & 4 \\ ⑥ & & ⑧ \end{matrix}$$

③ 次に、（2，2）と（3，4）を右図のように並べて書いて、対角線にかけます。

④ 最後に2つ出た数のうち大きいほうから小さいほ

うを引き、出た差を2で割れば、答えが出ます。

ここでは、(8−6)÷2=1　が答えです。

2．上記手法の解説

3点A (a, b), B (c, d), C (e, f)［ただし3点は1直線上にはないとする］を頂点とする三角形の面積は次のように求められます。

つまり、下図1・2で、三角形の面積Sは

$S=\frac{1}{2}\mathrm{AB}\times\mathrm{AC}\sin\theta$ です。

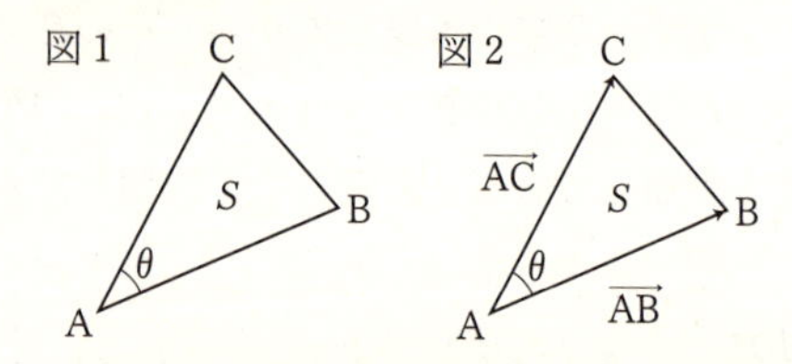

そこで、この式を変形すると、

$$S=\frac{1}{2}\mathrm{AB}\times\mathrm{AC}\sin\theta$$

$$=\frac{1}{2}\left|\overrightarrow{\mathrm{AB}}\right|\left|\overrightarrow{\mathrm{AC}}\right|\sin\theta$$

$$=\frac{1}{2}\sqrt{\left|\overrightarrow{\mathrm{AB}}\right|^2\left|\overrightarrow{\mathrm{AC}}\right|^2(1-\cos^2\theta)}$$

$$=\frac{1}{2}\sqrt{\left|\overrightarrow{\mathrm{AB}}\right|^2\left|\overrightarrow{\mathrm{AC}}\right|^2-\left|\overrightarrow{\mathrm{AB}}\right|^2\left|\overrightarrow{\mathrm{AC}}\right|^2\cos^2\theta}$$

$$=\frac{1}{2}\sqrt{\left|\overrightarrow{AB}\right|^2\left|\overrightarrow{AC}\right|^2-\left(\overrightarrow{AB}\cdot\overrightarrow{AC}\right)^2}\quad\cdots\cdots☆$$

ここで、下図3のように、

図3

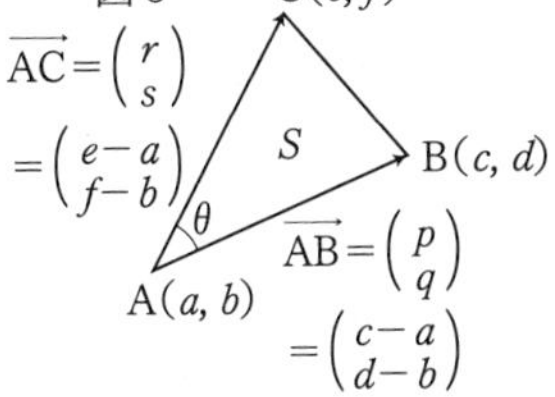

$\mathrm{C}(e, f)$

$\overrightarrow{AC}=\begin{pmatrix} r \\ s \end{pmatrix}=\begin{pmatrix} e-a \\ f-b \end{pmatrix}$

S

$\mathrm{B}(c, d)$

θ

$\overrightarrow{AB}=\begin{pmatrix} p \\ q \end{pmatrix}=\begin{pmatrix} c-a \\ d-b \end{pmatrix}$

$\mathrm{A}(a, b)$

$\overrightarrow{AB}=(p,\ \ q)=(c-a,\ \ d-b)$

$\overrightarrow{AC}=(r,\ \ s)=(e-a,\ \ f-b)$

とすると、

$$☆=\frac{1}{2}\sqrt{(p^2+q^2)(r^2+s^2)-(pr+qs)^2}$$

$$=\frac{1}{2}\sqrt{(ps-qr)^2}=\frac{1}{2}|ps-qr|$$

つまり、最初のやり方で、②が p, q, r, s を求めることにあたり、③と④が $\frac{1}{2}|ps-qr|$ を求めることにあたっていたわけですね。

このように、ベクトルという道具は深く知り、使い慣れると大変な威力を発揮します。深く理解すればするほど、むしろ計算量は減っていくものなのです。

【練習問題】

座標平面上で、次の3点を頂点とする三角形の面積を求めよ。

(−1, 2) (3, 3) (5, 9)

(−3, 5) (−2, −3) (1, 4)

(2, 5) (4, −3) (−3, 1)

参考：座標平面上で放物線 $y=ax^2$ の上の、x 座標がそれぞれ p, q, r である3点を頂点とする三角形の面積は $\dfrac{|a(p-q)(q-r)(r-p)|}{2}$ となる。このきれいな公式も、上記の面積公式から得られる。

つまり、3点 $\mathrm{P}(p,\ ap^2)$, $\mathrm{Q}(q,\ aq^2)$, $\mathrm{R}(r,\ ar^2)$ を3頂点とする三角形の面積を求めたいわけだが

$$\overrightarrow{\mathrm{PQ}}=(q-p,\ a(q+p)(q-p))$$

$$\overrightarrow{\mathrm{PR}}=(r-p,\ a(r+p)(r-p))$$

より、三角形PQRの面積は

$$\frac{1}{2}\Big|(q-p)\times a(r+p)(r-p)-(r-p)\times a(q+p)(q-p)\Big|$$

$$=\frac{|a(q-p)(q-r)(r-p)|}{2}$$

コラム　教育格差は本当か

ご近所で低学年の子どもの生活ぶりを聞きました。「ゲームを1日3時間に制限」「誕生日ごとにゲーム機をプレゼント」「公園でたむろしてゲームに熱中」……。

年齢が進むと今度はスマホ、テレビ漬けの状態。

さらにお稽古事に精を出し、勉強時間などほとんどゼロ。外遊びの時間さえほとんどない。これで勉強ができるようになったら不思議でしょう。

それも、やや貧しい家庭さえ例外でなく、朝も夜もカップめんを食べながら、そんな生活をしています。

かたや高校入試では、「$4+5\times(-3)$ は？」レベルの基本問題（配点5）が10題も並ぶのに、平均的学校では数学30点未満の合格者がたくさんいる様子。

できない理由は「所得の差」ではなく「学校の勉強さえせず遊んでしまうから」で、消費生活を享楽しすぎる高所得者の子弟にも低学力の子はたくさんいます。

親が子どもに指を折って数えることすら教えない現状を見ずに、「貧乏で塾に行かせる金もない（からできない）」などとは見当違いもはなはだしい。消費社会でハングリー精神がなくなったという根本原因を無視して、学力低下の罪を所得格差になすりつける愚かな論は慎んでほしいものです。本当に格差をなくしたいなら、ゲーム、スマホ全廃が唯一の道です。

☆58. 点A（1，3）と直線$2x-3y-1=0$との距離をどう計算するか
──点と直線の距離の公式

今度は、座標平面上の点と直線との距離がテーマです。点Aと直線との距離とは、点から直線に下ろした垂線の足Bと元の点Aとの距離のことを意味します（下図参照）。

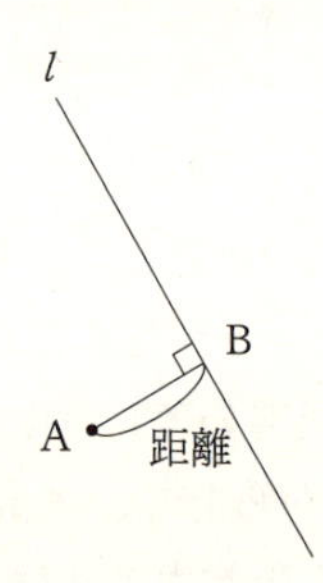

もちろん、その点Aを通って、直線に垂直な直線の式を出し、2つの直線の式を連立することで、交点Bの座標を出し、あとは距離の公式（三平方の定理）で、ABの長さを求めるという手もあります。

しかし、これは概して計算が大変です。

実は点と直線の距離を求めるにも、ベクトルを使うの

が手っ取り早いのですが、この「ベクトルを使う方法」は「単位ベクトル」や「法線ベクトル」という概念を使うので、やや考え方が高度になります。

そこで、今回は前の項に出てきた「三角形の面積を求める公式」を使って「点と直線の距離」を求める一風変わった技を紹介しましょう。

まず、下図のように3点A，B，Cを決めます。

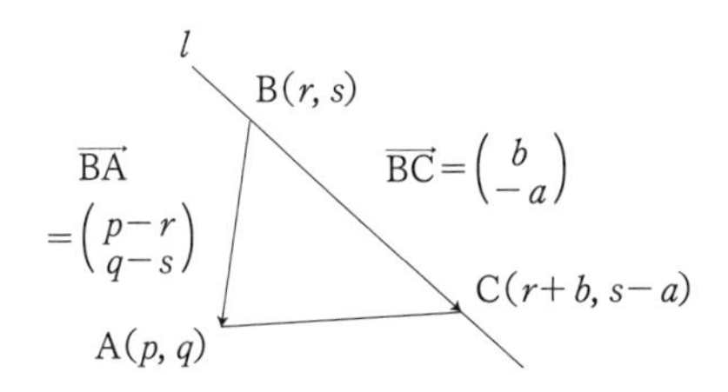

直線lの式を、$ax+by+c=0$とおき、Aは（p，q）とします。

Bは（r，s）とします。これが直線lの上にありますから、x座標r、y座標sを直線lの式に代入して、

$ar+bs+c=0$　……☆

です。

Cの座標はちょっと工夫します。

実は（r，s）が直線lの上にあるならば、簡単な代入

計算により、$(r+b,\ s-a)$ も直線 l の上にあることがわかるのです。

そこでCを $(r+b,\ s-a)$ とします。

ここで3つの頂点の座標が文字で表されましたから、三角形ABCの面積を、これらの文字を使って表します。

前項の「三角形の面積公式」を使うと、

三角形ABCの面積

$=\dfrac{1}{2}|(q-s)b+(p-r)a|$ （前ページの図参照）

$=\dfrac{1}{2}|ap+bq-ar-bs|$

ここで☆式より、$-ar-bs=c$ ですから、これを代入して、

三角形ABCの面積 $=\dfrac{1}{2}|ap+bq+c|$

となるわけです。一方、三角形ABCの面積は、BCを底辺と見ると、$\dfrac{1}{2}\mathrm{BC}\times h$ でもあります。

両者が等しいので、$\dfrac{1}{2}|ap+bq+c|=\dfrac{1}{2}\mathrm{BC}\times h$

これから、

$$h=\frac{|ap+bq+c|}{\mathrm{BC}}=\frac{|ap+bq+c|}{\sqrt{a^2+b^2}}$$

となりますが、hは点Aと直線lの距離ですから、これが点と直線の距離の公式ですね。

よく見ると、分子は直線の式の左辺に「xにp、yにqを入れた値の絶対値」、分母は「xの係数とyの係数それぞれの2乗の和の平方根」であることがわかります。

これを使えば標題の問題の答えは、

$$\frac{|2\times1+(-3)\times3-1|}{\sqrt{2^2+(-3)^2}}=\frac{8}{\sqrt{13}}$$

と、一発で出るわけです。

【練習問題】

点（0, 0）と直線$2x-5y+1=0$の距離を求めよ。

点（3, −2）と直線$x-2y-3=0$の距離を求めよ。

点（−1, 2）と直線$2x-y+8=0$の距離を求めよ。

コラム　雪国で私は考えた

頼まれて地方の中学生を教えたときのこと。司会者から「東京からいらした偉い先生です」と紹介されました。私は心底その場から逃げ出したくなりました。そして深く考え込んでしまったのです。

いまは情報化社会。どんな僻地（へきち）でも質のよい最先端の情報を、ネットで安く手にできます。本来は情報格差をなくすのがIT社会の１つの帰結だったはず。

しかるに「東京」と「地方」の意識差はかえって拡大し、地方は誇りを持つどころか、中央にコンプレックスすら抱いています。なぜでしょうか。

実はネットは玉石混淆（こんこう）の世界です。質のよい情報もあればまがい物もうようよしている。素人はわけがわからないので「専門家」に頼る。そこに情報の「仲介業者」としての「ニセ専門家」までが暗躍し、戦国時代のような群雄割拠の構図ができつつあります。

そうした社会の中では結局みな真実がわからず「不安」ですから、頼るものを求めて「中央の自称専門家」を信奉することになる。カリスマ教師に頼るより、自力で本を読む訓練をしたほうがはるかにできるようになるのに、不安な人は誰もそれをしない。

困ったことだな……私は降る雪を眺めながら慨嘆（がいたん）したのですが、解決は難しそうですね。

☆59. A（−1，3），B（4，10）のとき、ABを3：2に内分する点Cの座標をどう出すか
――分点の公式

まず、x座標だけを考えてみましょう。

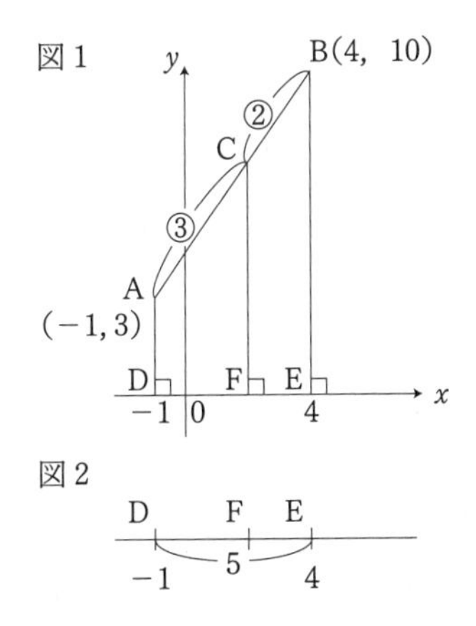

すると、上図1でCのx座標はFのx座標と同じですから、結局、図2で、Fの目盛りを考えればよいことになります。

5を3：2に分けるのですから、当然DFの長さは3。

そこで、F（C）のx座標は−1から右に3進んだ（−1+3）で、2です。

同様に、y座標のほうも、3 と 10 を 3：2 に分ける目盛りを考えればよいのです。

そこで、10－3＝7。7 を 3：2 に分けて、$7\times\frac{3}{5}=4.2$。3 から 4.2 上に進んだ目盛りということで、7.2。

よって、y座標は 7.2。

あわせると C は（2, 7.2）ということになります。

もちろんこれで答えは出るわけで、暗算のときも私は数値がやさしい場合にはいつでもこれで出していますが、「一般化」というものを行なわないと気がすまないのが数学好きの特徴。

というわけで一般化してみましょう。

A (a, b), B (c, d) のとき、AB を $m：n$ に内分する点の座標を求めることにします。

いまの手法でやってみると、

x座標……$c-a$ を $m：n$ に分ける。

→ a に $(c-a)$ の $\frac{m}{m+n}$ 倍を足す。

$$\rightarrow \quad a+(c-a)\times\frac{m}{m+n}=\frac{n}{m+n}a+\frac{m}{m+n}c$$

y座標……$d-b$ を $m：n$ に分ける。

→ b に $(d-b)$ の $\frac{m}{m+n}$ 倍を足す。

$$\rightarrow \quad b+(d-b)\times\frac{m}{m+n}=\frac{n}{m+n}b+\frac{m}{m+n}d$$

わざと「同様に」などとせず愚直にやってみましたが、x座標もy座標も、同じような方法で出すことができ、

$$\mathrm{C}\left(\frac{n}{m+n}a+\frac{m}{m+n}c,\ \frac{n}{m+n}b+\frac{m}{m+n}d\right)$$

となります。

では、この式をよく観察してみましょう。

x座標のaとcにはそれぞれ、$\frac{n}{m+n}$と$\frac{m}{m+n}$

y座標のbとdにもそれぞれ、$\frac{n}{m+n}$と$\frac{m}{m+n}$

とがかけられてから足されています。

なんだかすごく整った形になってきましたね。

この式の形はなんだか見覚えありませんか？　実は、平均の式なのです。

そのことを納得するために、次の問題をやってみましょう。

「ある試験で、a点の人がn人、c点の人がm人いた。このとき、$m+n$人全員の平均点を求めなさい」

すると、合計得点は $an+cm$ ですからこれを $m+n$ で割って、$\frac{n}{m+n}a+\frac{m}{m+n}c$ ……☆ となります。

a と c の単純な平均（相加平均）は $\frac{a+c}{2}$ ですが、これは上で、$m=n=1$ の場合にあたります。

☆式の場合には、a のほうには $\frac{n}{m+n}$ という、c のほうには $\frac{m}{m+n}$ という「加重」がついていますので、「加重平均」と呼ばれます。

さて、ここまでくると、分点の座標を求めるということは、

「x 座標は x 座標同士、y 座標は y 座標同士で、内分の比率 $m:n$ に対して、$\frac{n}{m+n}$ と $\frac{m}{m+n}$ とをそれぞれ加重とした加重平均を求めることと同じである」

ということができます。

そこで、はじめの問題に戻って考えると、x 座標であれば、Aの−1とBの4にそれぞれ加重 $\frac{2}{5}$, $\frac{3}{5}$ をかけて計算をし、2と出せばよいことになります。

これは数値が複雑な場合には大変便利な公式ですし、加重平均だとわかっていれば覚えやすい公式でもあります。しかし、図形的には今ひとつピンとこないかもしれないので、ベクトルを用いた解法も用意しました。

次のページの図を見てください。

これだと、

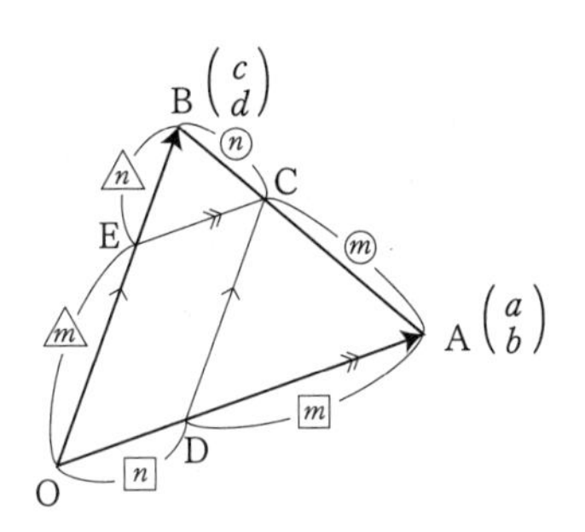

$$\overrightarrow{OC}=\overrightarrow{OD}+\overrightarrow{OE}$$

$$=\frac{n}{m+n}\overrightarrow{OA}+\frac{m}{m+n}\overrightarrow{OB}$$

$$=\frac{n}{m+n}\begin{pmatrix} a \\ b \end{pmatrix}+\frac{m}{m+n}\begin{pmatrix} c \\ d \end{pmatrix}$$

となって、先ほどの公式の成り立ちがわかりやすいですね。

【練習問題】

ABを【　】内の比に内分する点Cの座標を求めよ。

A（−5，3）、B（1，9）　【2：1】

A（3，1）、B（5，−6）　【3：2】

コラム　平均と天秤算

第59項で扱った「加重平均」と「分点」の関係は、平均や食塩水の文章題に大変な威力を発揮します。

たとえば、「3%の食塩水 ag と 6%の食塩水 bg を混ぜて4%、300g の食塩水を作るにはそれぞれ何g混ぜたらよいか」という問題があります。

すると、問題に熟練した人は、

「ああ、4%は6%よりも3%に近いから、3%の食塩水のほうを多く混ぜたんだね」「食塩水を混ぜるというのは塩の量を平均するようなものだから、これは3%のほうに a の加重をかけ、6%のほうに b の加重をかけたら平均が4%になったってことでしょ」「加重平均は『分点』のようなもので、4は3と6を1：2に内分しているな」「だから、3%と6%を2：1の割合で混ぜたんだ」「全体が300gか」「それなら3%を200g、6%を100gの割合で混ぜたんだね」

スローモーションでいえば、このような思考回路でさっと答えが出てきます（これを中学入試の業界では天秤算といいます）。

分点と加重平均の間にこのような関係があることで、本質的に加重平均がからむ問題は、ほとんどすべてちょっとした暗算で解くことができるようになってしまうのです。

コラム　計算でつまずきやすいところ

初学者が計算でつまずきやすいところは、決まっています。数題出してみましょう。

① $7300+3840$ を暗算でやりなさい。

② 3050×4070 を自由に計算しなさい。

③ $100016-872$ を自由に計算しなさい。

④ $7636\div83$ を自由に計算しなさい。

⑤ $2.66\div1.2$ を商が小数第2位になるまで計算し、余りを出しなさい。

⑥ $\dfrac{4}{\frac{2}{3}}$ を計算せよ。

⑦ $\left(\dfrac{7}{4}-0.25\right)\times0.12\div\dfrac{3}{8}$ を暗算で計算せよ。

⑧ $1-[2x-3\{1-2(1-2x)\}]$ を簡単にしなさい。

ちなみに答えは、順に 11140　12413500　99144　92　2.21余り0.008　6　0.48　$10x-2$ となります。

ポイントは①は10000を抜かして考える。②は $(300+5)(400+7)$ とすれば速いが筆算の場合は0に注意。③は繰り下がりに注意（暗算ならかえって簡単）。④は概算の力。⑤は余りの桁が問題。⑥は $4\div$「$\dfrac{2}{3}$」の意味。⑦は分数小数混合計算で成り立ちを見抜けるか。⑧は（　）とマイナスの処理となります。

60. $-1<x<0$のとき、$\frac{1}{x}$, $\frac{1}{x^2}$, -1, 1, x, x^2, x^3の大小をどう比べるか
——数の感覚（3）

ここからは、中学の数学において必要な数の感覚を2項目にわたって軽く扱います。

実は、標題のような問題になると混乱して、具体例で−0.5のような数を思い浮かべ、それを計算してやっと正解にたどりつく人は少なくありません。

これはとりもなおさず「抽象的な理解」にまでは及んでいないことを示しますから、答えは出るものの、大切な数の感覚を身につけていないことになります。

そこで次のように考えてみましょう。

（1）大方針として、正の数と負の数は区別して考える。

（2）「もとになる数」に絶対値が1より小さい数をかければ、その結果の数の絶対値は「もとになる数の絶対値」より小さい。

その逆に絶対値が1より大きい数をかければ、絶対値は大きくなる。

（3）正の数では絶対値が大きければ大きいほど数も大きい。

（4）負の数では絶対値が大きければ大きいほど、逆に数としては小さくなる（数直線を思い浮かべ、左にある数ほど小さいというイメージを持ってください）。

ここまでわかれば標題の問題は簡単です。

まず、全体を正の数と負の数とに分けると、

正の数……$\frac{1}{x^2}$, 1, x^2

負の数……$\frac{1}{x}$, -1, x, x^3

となります。さて、xの絶対値は1より小ですから、$\frac{1}{x}$の絶対値は1より大きいことがわかります。

また、xはかければかけるほど絶対値が小さくなります。そこで、正の数も負の数も、上に整理した順で、左から絶対値が大きい順に並んでいることになります。

そこで、答えは、

$$\frac{1}{x} < -1 < x < x^3 < x^2 < 1 < \frac{1}{x^2}$$

【練習問題】

xは$0.5 < x < 1$を満たす数とします。このとき、次の数を小さい順に並べなさい。

x, $1-x$, $x-1$, $(x-1)^2$, 1, $-x$, $\frac{1}{1-x}$, $\frac{1}{x}$

61. $\sqrt{3}+\sqrt{2}$と$\sqrt{10}$の大小をどう比べるか
── 数の感覚（4）

$\sqrt{\ }$のついた数の大小を比べられるかどうかというのも、数の感覚を見る上で大変重要なポイントです。

まず、基本を述べてみましょう。

① そのままでは$\sqrt{\ }$がついていて比べにくいので、正の数同士であったら、2乗して比べる。

② なるべく2乗の際に$\sqrt{\ }$が外れるように工夫する。

この基本方針にのっとって、標題の問題に取り組んでみましょう。

$\sqrt{3}+\sqrt{2}$ と $\sqrt{10}$

→ $5+2\sqrt{6}$ と 10 （2乗して比べた）

→ $2\sqrt{6}$ と 5 （次に2乗する下準備で5ずつ引いた）

→ 24 と 25 （再度2乗して比べた）

ここまでくると右側の25のほうが大きいので、元の2数のうち、$\sqrt{10}$ のほうが大きかったことがわかります。

では、今度は次の2数を比べてみましょう。

$\sqrt{14}-2\sqrt{3}$ と $4-\sqrt{11}$

どちらも正の数ですから、いままでと同じ方針でやっ

てみると、

$\sqrt{14}-2\sqrt{3}$ と $4-\sqrt{11}$

$\rightarrow 26-4\sqrt{42}$ と $27-8\sqrt{11}$ （単純に2乗した）

ここで、両方から26を引いて強引にやる手もありますが、引いた結果がマイナスの数になるのでどうもうまくありません。そこで考え直します。

$\sqrt{14}+\sqrt{11}$ と $2\sqrt{3}+4$ とを比べる

$\rightarrow 25+2\sqrt{154}$ と $28+16\sqrt{3}$ （単純に2乗した）

$\rightarrow 2\sqrt{154}$ と $3+16\sqrt{3}$ （両方から25を引いた）

$\rightarrow 616$ と $777+96\sqrt{3}$ （再度2乗した）

ここで明らかに右のほうが大きくなるので、はじめの問題では $\sqrt{14}-2\sqrt{3}<4-\sqrt{11}$ であったことがわかります。

このように、引き算が出てくる式の場合には、仮に正の数同士であっても2乗した結果が扱いにくいことがあるので、なるべくはじめから引き算を少なくしておいたほうがうまくいきやすいようです。

【練習問題】

次の2数の大小をそれぞれ比べよ。

$3+\sqrt{6}$ と $\sqrt{7}+2\sqrt{2}$

$2+\sqrt{3}$ と $\sqrt{14}$

$5-2\sqrt{6}$ と $3\sqrt{3}-\sqrt{26}$

問題のやり方（暗算のスローモーション）の一例

1.

$59+76=(60-1)+76=136-1=135$

$47+56=47+50+6=97+6=103$

$68+98=68+(100-2)=168-2=166$

$147+48=147+(50-2)=197-2=195$

$37+87=(30+80)+(7+7)=110+14=124$

$49+88=(50-1)+88=138-1=137$

$376+26=(375+1)+(25+1)=402$

$379+495=379+(500-5)=879-5=874$

2.

$358+492=358+(500-8)=858-8=850$

$762+973=(700+900)+(62+73)=1600+135=1735$

$369+829=(360+820)+9\times 2=1180+18=1198$

$678+456=(600+400)+(70+50)+(8+6)$

$=1000+120+14=1134$

$779+675=(800-21)+675=1475-21=1454$

3.

$599+463=(600-1)+463=1063-1=1062$

$749+489=749+(500-11)=1249-11=1238$

$294+1312=(300-6)+1312=1612-6=1606$

$466+597=466+(600-3)=1066-3=1063$

$399+399+398=400\times3-(1+1+2)=1196$

$999+99+9=1000+100+10-3=1107$

4.

$1000-387=(999-387)+1=612+1=613$

$1000-276=724$

```
  9  9  10
7( 2( 4(
  2  7  6
```

$10000-3726=6274$

$$3726 \xrightarrow{6000} 9726 \xrightarrow{200} 9926 \xrightarrow{70} 9996 \xrightarrow{4} 10000$$

$10000-568=9432$

```
  9  9  9  10
9( 4( 3( 2(
  0  5  6  8
```

$10000-1092=8908$

```
  9  9  9  10
8( 9( 0( 8(
  1  0  9  2
```

$700-252=448$

$$252 \xrightarrow{400} 652 \xrightarrow{40} 692 \xrightarrow{8} 700$$

$800-329=471$

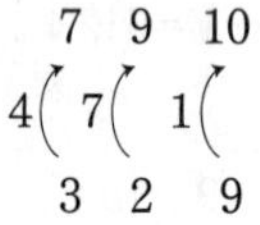

$$\begin{array}{ccc} 7 & 9 & 10 \\ 4 & 7 & 1 \\ 3 & 2 & 9 \end{array}$$

$500-205=295$

$$205 \xrightarrow{200} 405 \xrightarrow{90} 495 \xrightarrow{5} 500$$

$1-0.263=0.737$

$$0.263 \xrightarrow{0.7} 0.963 \xrightarrow{0.03} 0.993 \xrightarrow{0.007} 1$$

［2通りの図を書きましたが、暗算の際は無論図など描きません］

5.

$1341-298=(1341-300)+2=1043$

$796-199=(796-200)+1=597$

$1281-189=(1281-200)+11=1092$

$3.24-0.98=(3.24-1)+0.02=2.26$

$5.12-3.96=(5.12-4)+0.04=1.16$

6.

$912-689=212+11=223$　　$689 \xrightarrow{11} 700 \xrightarrow{212} 912$

$724-569=31+124=155$　　$569 \xrightarrow{31} 600 \xrightarrow{124} 724$

$1036-784=(1000-784)+36=216+36=252$

$1025-788=25+(1000-788)=25+212=237$

$10036-987=13+9000+36=9049$

ここで 1000 に　ここで 10000 に　ここで 10036 に

$10021-2779=7221+21=7242$

午前 0 時まで、1 時間 22 分、あと 6 時間 23 分で合計 7 時間 45 分

7.

$912-714=200-2=198$

$345-57=300-12=288$

$636-357=300-21=279$

$523-435=100-12=88$

$1542-656=900-14=886$

$726-339=400-13=387$

$12233-9344=3000-111=2889$

［3000－111 は第 4 項の要領で行なう］

8.

$729+438+171=(729+171)+438=900+438=1338$

$900-477-223=900-(477+223)=900-700=200$

$382-(309-218)=(382+218)-309=600-309=291$

$731-283-211=(731-211)-283=520-283$

$=17+220=237$

または $731-283-211=731-494=6+231=237$

$645-(455-283)=(655-455)-10+283$

$=200+283-10=473$

9.

$1-0.72=0.28$　$[0.72 \rightarrow 0.92 \rightarrow 1]$

$10-0.72=9.28$　$[0.72 \rightarrow 1 \rightarrow 10]$

$2.72-0.74=2-0.02=1.98$

$3.16-1.32=2-0.16=1.84$

$7.07-1.08=6-0.01=5.99$

$50-19.189=30.811$　$[20-19.189=1-0.189=0.811]$

$8.5-3.607=5-0.107=4.893$

10.

$13\times8=(10+3)\times8=80+24=104$

$19\times7=(20-1)\times7=140-7=133$

$26\times6=120+36=156$

$38\times4=160-8=152$

$63 \times 9 = 630 - 63 = 600 - 33 = 567$

$47 \times 5 = 200 + 35 = 235$

$58 \times 7 = 350 + 56 = 406$

$29 \times 8 = 240 - 8 = 232$

11.

$523 \div 2 = 261.5$

$7117 \div 2 = 3558.5$

$9999 \div 2 = 4999.5$　［$(10000 - 1) \div 2 = 5000 - 0.5$ としてもよい］

$37865 \div 2 = 18932.5$

$91735 \div 2 = 45867.5$

$13.7 \div 2 = 6.85$

$11.1 \div 2 = 5.55$

$5.07 \div 2 = 2.535$　［$5 \div 2$ と $0.07 \div 2$ を最後に足す感覚］

$35.91 \div 2 = 17.955$

［$3 \rightarrow 1$, $15 \rightarrow 7$, $19 \rightarrow 9$, $11 \rightarrow 5.5$ を順に並べる］

12.

$74 \times 1.5 = 74 + 37 = 111$

$46 \times 15 = 460 + 230 = 690$

$92 \times 0.15 = (92 + 46) \times 0.1 = 138 \times 0.1 = 13.8$

［9.2 と 4.6 を足すという感覚］

$27 \times 3.5 = 27 \times 3 + 13.5 = 81 + 13.5 = 94.5$

$62\times0.55=31+3.1=34.1$

$38\times1.55=38+19+1.9=38+20.9=58.9$

13.

$74\times12=740+148=888$

$86\times11=860+86=946$

$73\times16=730+420+18=1168$

$69\times51=69\times50+69=3450+69=3519$

［$51\times70-51=3570-51=3519$ でもよい］

$48\times22=960+96=1056$

$43\times24=860+160+12=1032$

14.

$24\times45=12\times90=1080$

$18\times35=9\times70=630$

$65\times42=130\times21=2600+130=2730$

$125\times28=(125\times4)\times7=500\times7=3500$

$3.5\times16=7\times8=56$

$7.5\times52=(7.5\times4)\times13=30\times13=390$

$56\times12.5=(56\div8)\times(12.5\times8)=7\times100=700$

［$28\times25=14\times50=7\times100$ のように逐次考えてもよい］

15.

$$9 \div 12 = \frac{9}{12} = \frac{3}{4} = 0.75$$

$$8 \div 40 = \frac{1}{5} = 0.2$$

$$1.4 \div 5.6 = \frac{14}{56} = \frac{1}{4} = 0.25$$

$$7.2 \div 16 = 3.6 \div 8 = 1.8 \div 4 = 0.9 \div 2 = 0.45$$

$$13 \div 10.4 = \frac{130}{104} = \frac{65}{52} = \frac{5}{4} = 1.25$$

$$8 \div 2.5 = 16 \div 5 = 3.2$$

$$9.9 \div 7.2 = \frac{99}{72} = \frac{11}{8} = 1\frac{3}{8} = 1.375$$

$$1.8 \div 72 = \frac{18}{720} = \frac{1}{40} = \frac{1}{4} \times \frac{1}{10} = 0.025$$

16.

$$3.7 \div 0.5 = 3.7 \times 2 = 7.4$$

$$579 \div 0.2 = 579 \times 5 = 2500 + 400 - 5 = 2895$$

$$3.6 \div 0.05 = 3.6 \div \frac{1}{20} = 3.6 \times 20 = 72$$

$$0.02 \div 0.25 = 0.02 \times 4 = 0.08$$

$$5.56 \div 0.5 = 5.56 \times 2 = 11.12$$

$3.6 \div 0.2 = 3.6 \div 2 \times 10 = 18$

$3.7 \div 0.2 = 3.7 \times 5 = 18.5$

$58.5 \div 0.45 = 130$

$[0.45 \xrightarrow{\times 2} 0.9 \xrightarrow{\times 10} 9 \xrightarrow{\times 6.5} 58.5]$

$69.02 \div 1.7 = (68 \div 1.7) + (1.02 \div 1.7) = 40 + 0.6 = 40.6$

［$1.7 \times 40 = 68$ として 69.02 に近いことに気づくことが肝要］

17.

$15 \div 0.625 = 15 \div \frac{5}{8} = 15 \times \frac{8}{5} = 24$

$21 \div 8.75 = 2.1 \div 0.875 = 2.1 \div \frac{7}{8} = 2.1 \times \frac{8}{7} = 0.3 \times 8 = 2.4$

$300 \div 37.5 = 3 \div 0.375 = 3 \div \frac{3}{8} = 3 \times \frac{8}{3} = 8$

$49 \div 87.5 = 0.49 \div 0.875 = 0.49 \div \frac{7}{8} = 0.49 \times \frac{8}{7} = 0.56$

$21 \div 12.5 = (21 \times 8) \div (12.5 \times 8) = 168 \div 100 = 1.68$

［もちろん 0.21×8 として 1.68 でもよい］

18.

$7 \div 0.14 = 50$　　$0.14 \xrightarrow{\times 5} 0.7 \xrightarrow{\times 10} 7$

$52 \div 1.3 = 40 \qquad 1.3 \xrightarrow{\times 4} 5.2 \xrightarrow{\times 10} 52$

$0.9 \div 45 = 0.02 \qquad 45 \xrightarrow{\times 0.2} 9 \xrightarrow{\times 0.1} 0.9$

$27 \div 0.15 = 180 \qquad 0.15 \xrightarrow{\times 2} 0.3 \xrightarrow{\times 10} 3 \xrightarrow{\times 9} 27$

$1.8 \div 2.25 = 0.8 \qquad 2.25 \xrightarrow{\times 2} 4.5 \xrightarrow{\times 2} 9 \xrightarrow{\times 0.2} 1.8$

19.

$1085 \div 35 = 1085 \div 5 \div 7 = 217 \div 7 = 31$

$3006 \div 18 = 3006 \div 6 \div 3 = 501 \div 3 = 167$

$3213 \div 63 = 3213 \div 3 \div 21 = 1071 \div 21 = (1050 + 21) \div 21$

$= 50 + 1 = 51$

［$3213 = 3150 + 63$ とし $315 \div 63 = 5$ に気づけば速い］

$5616 \div 48 = 5616 \div 8 \div 6 = 702 \div 6 = 117$

$72 \times 39 \div 117 = \frac{72 \times 39}{117} = \frac{(8 \times 9) \times (3 \times 13)}{9 \times 13} = 24$

$35 \div 133 \times 418 = (5 \times 7) \div (7 \times 19) \times (19 \times 22) = 5 \times 22$

$= 110$

$51 \div 4 \div 221 \times 39 = \frac{(17 \times 3) \times (3 \times 13)}{4 \times (13 \times 17)} = \frac{9}{4} = 2.25$

20.

$$21\div375=\frac{21}{375}=\frac{7\times3}{125\times3}=\frac{7}{125}=\frac{7\times8}{125\times8}=\frac{56}{1000}=0.056$$

$32\div384=\dfrac{32}{384}=\dfrac{1}{12}=\dfrac{1}{2\times2\times3}$ で

　この分数はこれ以上約分できないが分母に3が残るので、32÷384は割り切れない。

$9.1\div3.25=(4\times9.1)\div(4\times3.25)=(4\times13\times0.7)\div13$
$=2.8$

［または、$9.1\div3.25=9.1\times\dfrac{4}{13}=0.7\times4=2.8$］

21.

$$\frac{7}{12}+\frac{3}{7}=\frac{7\times7+3\times12}{12\times7}=\frac{85}{84}=1\frac{1}{84}$$

$$\frac{8}{9}+\frac{1}{6}-\frac{2}{3}=\frac{2}{9}+\frac{1}{6}=\frac{4+3}{18}=\frac{7}{18}$$

$$\frac{3}{5}-\frac{1}{6}-\frac{1}{3}=\frac{3}{5}-\frac{1}{2}=\frac{6-5}{10}=\frac{1}{10}$$

［$\dfrac{1}{3}+\dfrac{1}{6}=\dfrac{1}{2}$は計算に慣れた人には、ほとんど準暗記事項。0.6－0.5＝0.1と考えてもよい］

$$\frac{2}{3}-\frac{3}{8}+\frac{1}{4}=\frac{2}{3}-\frac{1}{8}=\frac{16-3}{24}=\frac{13}{24}$$

22.

$$1\frac{1}{7}-\frac{5}{6}=\frac{1}{6}+\frac{1}{7}=\frac{13}{42}$$

$$3\frac{2}{7}-1\frac{3}{4}=\frac{1}{4}+1\frac{2}{7}=1\frac{15}{28}$$

$$6\frac{1}{3}-3\frac{4}{5}=\frac{1}{5}+2\frac{1}{3}=2\frac{8}{15}$$

$$4\frac{3}{8}-\frac{3}{4}=\frac{1}{4}+3\frac{3}{8}=3\frac{5}{8}$$

$$1\frac{1}{12}-\frac{12}{13}=\frac{1}{13}+\frac{1}{12}=\frac{25}{156}$$

$$6\frac{1}{7}-\frac{7}{9}=\frac{2}{9}+5\frac{1}{7}=5\frac{23}{63}$$

23.

$$7\frac{1}{7}-3\frac{1}{4}=4-\frac{7-4}{28}=4-\frac{3}{28}=3\frac{25}{28}$$

$$5\frac{1}{6}-3\frac{1}{5}=2-\left(\frac{1}{5}-\frac{1}{6}\right)=2-\frac{1}{30}=1\frac{29}{30}$$

$$1\frac{2}{3}-\frac{3}{4}=1-\frac{1}{12}=\frac{11}{12}$$

$$3\frac{4}{5}-1\frac{5}{6}=2-\frac{1}{30}=1\frac{29}{30}$$

$$5\frac{3}{5}-3\frac{2}{3}=2-\frac{10-9}{15}=1\frac{14}{15}$$

24.

$$\frac{5}{12}\times 3\frac{1}{5}=\frac{\cancel{5}}{12}\times\frac{16}{\cancel{5}}=\frac{4}{3}=1\frac{1}{3}$$

$$2\frac{3}{4}\div 0.625\times 1\frac{4}{11}=\frac{\cancel{11}}{\cancel{4}}\times\frac{\overset{3}{\cancel{15}}}{\cancel{11}}\times\frac{\overset{2}{\cancel{8}}}{\cancel{5}}=6$$

$$5\frac{1}{7}\div\left(2\frac{4}{7}-1\frac{1}{7}\right)=\frac{36}{7}\div\frac{10}{7}=36\div 10=3\frac{3}{5}$$

$$5\frac{1}{7}\times\left(2\frac{1}{3}-1\frac{3}{4}\right)=\frac{36}{\cancel{7}}\times\frac{\cancel{7}}{12}=3$$

25.

2 万 6 千×12×100 万×15

＝2.6×180×100×（1 万×1 万）

＝26×18×100×1 億

＝26×（20－2）×100 億

＝（520－52）×100 億

＝468×100 億＝4 兆 6800 億

［ある年度に政府が支給した子ども手当支給月額×1 年の月数×1 学年あたり子どもの人数×15 学年の概算］

〔いずれも大雑把な数字です（以下同様）〕

26 兆÷6500 万＝（26÷0.65）×（1 兆÷1 億）

$=40\times 1$ 万$=40$ 万

［ある業界（2009年頃のパチンコ産業）の年間売上高÷労働力人口の概算……割りやすいように数値を調整してあるのでかなりずさんな数だが……］

1億2000万$\div 80\div 60=$1200万$\div 8\div 60=$120万$\div 8\div 6$

$=\frac{12}{48}\times$10万$=\frac{1}{4}\times$10万$=$2万5千

520兆$\div$650万$=\frac{52}{65}\times$(1兆$\div$1万)$=\frac{4}{5}\times$1億$=$8000万

［ある年のGDP÷40歳サラリーマンの平均年収……これもすこぶる大雑把］

9000万×1万3千＝0.9億×1.3万＝1.17兆

＝1兆1700億

4万×7.5×500＝30万×500＝1万5千×1万

＝1億5千万

［地球1周4万km、光は1秒に地球7まわり半、太陽から地球まで光が到達するのに8分19秒≒500秒かかる］

26.

$98+103+132+99+96+101$

$=100\times 6+(-2+3+32-1-4+1)=629$

$32.6+34+42.3+35.5+43.8+42.7$

$=34\times3+(-1.4+1.5)+43\times3+(-0.7+0.8-0.3)$

$=77\times3+(-0.1)$

$=231-0.1=230.9$

$(181+194+197+212+201)\div5$

$=200+(-19-6-3+12+1)\div5$

$=200+(-15)\div5=197$

27.

$1+2+3+4+5+\cdots\cdots+99+100=(100+1)\div2\times100$

$=101\times50=5050$

$9+15+21+27+33+39+45=(9+45)\div2\times7=27\times7$

$=189$

$2.8+3+3.2+3.4+3.6+3.8+4+4.2=(2.8+4.2)\div2\times8$

$=7\times4=28$

28.

$1+2+4+8+16+32+64+128+256+512+1024$

$=1024\times2-1=2047$

$7+21+63+189+567=(567\times3-7)\div2$

$=600\times3\div2-(33\times3+7)\div2=900-(100+6)\div2=847$

$3+12+48+192+768+3072=(3072\times4-3)\div3$

$=1024\times4-1=4095$

29.

$$\frac{2}{1\times3}+\frac{2}{3\times5}+\frac{2}{5\times7}+\frac{2}{7\times9}=1-\frac{1}{9}=\frac{8}{9}$$

［両辺を2で割れば$\frac{1}{1\times3}+\frac{1}{3\times5}+\frac{1}{5\times7}+\frac{1}{7\times9}=\frac{4}{9}$］

$$\frac{3}{1\times4}+\frac{5}{4\times9}+\frac{7}{9\times16}+\frac{9}{16\times25}+\frac{11}{25\times36}=1-\frac{1}{36}=\frac{35}{36}$$

［変形すると$\frac{3}{1^2\times2^2}+\frac{5}{2^2\times3^2}+\frac{7}{3^2\times4^2}+\frac{9}{4^2\times5^2}+\frac{11}{5^2\times6^2}$

$=\frac{35}{36}$］

$$\frac{1}{1\times2}+\frac{4}{2\times6}+\frac{18}{6\times24}+\frac{96}{24\times120}+\frac{600}{120\times720}=\frac{719}{720}$$

［変形すると$\frac{1}{1!\times2!}+\frac{3!-2!}{2!\times3!}+\frac{4!-3!}{3!\times4!}+\frac{5!-4!}{4!\times5!}+\frac{6!-5!}{5!\times6!}$

$=\frac{1}{2!}+\frac{2!(3-1)}{2!\times3!}+\frac{3!(4-1)}{3!\times4!}+\frac{4!(5-1)}{4!\times5!}+\frac{5!(6-1)}{5!\times6!}$

$=\frac{1}{2!}+\frac{2}{3!}+\frac{3}{4!}+\frac{4}{5!}+\frac{5}{6!}=\frac{719}{720}$］

$$\frac{1}{1\times2}+\frac{2}{2\times4}+\frac{4}{4\times8}+\frac{8}{8\times16}+\frac{16}{16\times32}+\frac{32}{32\times64}=\frac{63}{64}$$

[変形すると$\frac{1}{2}+\frac{1}{2^2}+\frac{1}{2^3}+\frac{1}{2^4}+\frac{1}{2^5}+\frac{1}{2^6}=1-\frac{1}{2^6}$]

30.

$1\times2+2\times3+3\times4+\cdots\cdots+99\times100=99\times100\times101\div3$

$=333300$

$1\times3+3\times5+5\times7+7\times9+9\times11+11\times13$

$=\{1\times3\times5-(-1)\times1\times3\}\div6$

$\quad+(3\times5\times7-1\times3\times5)\div6$

$\quad+(5\times7\times9-3\times5\times7)\div6$

$\quad+(7\times9\times11-5\times7\times9)\div6$

$\quad+(9\times11\times13-7\times9\times11)\div6$

$\quad+(11\times13\times15-9\times11\times13)\div6$

$=\{11\times13\times15-(-1)\times1\times3\}\div6=143\times2.5+0.5$

$=286+72=358$

$1\times1+2\times2+3\times3+4\times4+5\times5+6\times6=\frac{6\times7\times13}{6}=91$

$1\times2\times3+2\times3\times4+3\times4\times5+\cdots\cdots+98\times99\times100$

$=(1\times2\times3\times4-0\times1\times2\times3)\div4$

$\quad+(2\times3\times4\times5-1\times2\times3\times4)\div4$

$\quad+(3\times4\times5\times6-2\times3\times4\times5)\div4$

$\quad+\cdots\cdots$

$\quad+(98\times99\times100\times101-97\times98\times99\times100)\div4$

$= 98 \times 99 \times 100 \times 101 \div 4 = 98 \times 9999 \times 100 \div 4$

$= 24.5 \times 100 \times (10000 - 1)$

$= 24500000 - 2450 = 24497550$

31.

$36 = 4 \times 9 = 2^2 \times 3^2$

$216 = 4 \times 54 = 8 \times 27 = 2^3 \times 3^3$

$120 = 12 \times 10 = 2^2 \times 3 \times 2 \times 5 = 2^3 \times 3 \times 5$

$180 = 36 \times 5 = 4 \times 9 \times 5 = 2^2 \times 3^2 \times 5$

$504 = 9 \times 56 = 9 \times 8 \times 7 = 2^3 \times 3^2 \times 7$

$336 = 6 \times 56 = 2 \times 3 \times 8 \times 7 = 2^4 \times 3 \times 7$

$351 = 360 - 9 = 9 \times 39 = 3^3 \times 13$

$378 = 9 \times 42 = 27 \times 14 = 2 \times 3^3 \times 7$

32.

$35 \times 35 = \underbrace{12}_{\uparrow\, 3\times4}\ \underbrace{25}_{\uparrow\, 5\times5}$

$75 \times 75 = \underbrace{56}_{\uparrow\, 7\times8}\ \underbrace{25}_{\uparrow\, 5\times5}$

$36 \times 34 = \underbrace{12}_{\uparrow\, 3\times4}\ \underbrace{24}_{\uparrow\, 6\times4}$

$88 \times 82 = \underbrace{72}_{\uparrow\, 8\times9}\ \underbrace{16}_{\uparrow\, 8\times2}$

$74 \times 77 = 74 \times 76 + 74$

$= \underbrace{56}_{\uparrow\, 7\times 8}\ \underbrace{24}_{\uparrow\, 4\times 6} + 74 = 5698$

33.

$17 \times 19 = 18^2 - 1 = 324 - 1 = 323$

$86 \times 94 = 90^2 - 4^2 = 8100 - 16 = 8084$

$68 \times 72 = 70^2 - 2^2 = 4900 - 4 = 4896$

$107 \times 93 = 100^2 - 7^2 = 10000 - 49 = 9951$

$49 \times 5.1 = 0.1 \times (50^2 - 1^2) = 249.9$

$73 \times 47 = (60 + 13)(60 - 13) = 3600 - 169 = 3431$

$84 \times 38 = 2 \times (42 \times 38) = 2 \times (40^2 - 2^2) = 3200 - 8 = 3192$

34.

$3.14 \times 7 - 3.14 \times 5 + 3.14 \times 8 = 3.14 \times (7 - 5 + 8)$

$= 3.14 \times 10 = 31.4$

$1.57 \times 24 + 3.14 \times 18 = 3.14 \times 12 + 3.14 \times 18$

$= 3.14 \times (12 + 18)$

$= 3.14 \times 30 = 94.2$

$5 \times 5 \times 3.14 \times 7 \div 3 + 5 \times 5 \times 3.14 \times 2 \div 3$

$= 5 \times 5 \times 3.14 \times (7 + 2) \div 3$

$= 25 \times 3.14 \times 3 = 75 \times 3.14$

$= \frac{3}{4} \times 100 \times 3.14 = \frac{3}{4} \times 314$

$$=\frac{3\times 157}{2}=\frac{471}{2}=235.5$$

$52\times 64+26\times 72=52\times 64+52\times 36=52\times(64+36)$

$=5200$

$1.9\times 7+3.8\times 9-5.7\times 5=1.9\times 7+1.9\times 18-1.9\times 15$

$=1.9\times 10=19$

35.

$27\times 27-13\times 13=(27+13)(27-13)=40\times 14=560$

$74\times 74-71\times 71=(74+71)(74-71)=145\times 3=435$

$25\times 25-24\times 24+23\times 23-22\times 22$

$=(25+24)(25-24)+(23+22)(23-22)$

$=25+24+23+22=47\times 2=94$

$2009\times 2009-2007\times 2007-209\times 209+207\times 207$

$=(2009+2007)(2009-2007)-(209+207)(209-207)$

$=2\times(2009+2007-209-207)=2\times(1800\times 2)=7200$

$66\times 66-33\times 33=(66+33)(66-33)=99\times 33$

$=(100-1)\times 33=3300-33=3267$

36.

$17\times 18\times 19\equiv 4\times 5\times 6\equiv 20\times 6\equiv 7\times 6\equiv 42\equiv 3\pmod{13}$

$10^{10}\equiv 3^{10}\equiv 9^5\equiv 2^5\equiv 2^3\times 2^2\equiv 8\times 4\equiv 1\times 4\equiv 4\pmod{7}$

$3^{20}\equiv 3^3\times 3^3\times 3^3\times 3^3\times 3^3\times 3^3\times 3^2$

$\quad\equiv 27^6\times 3^2\equiv(-2)^6\times 9\equiv 32\times 2\times 9\equiv 3\times 2\times 9$

$\equiv 54 \equiv 25 \pmod{29}$

37.

$48256 \equiv 4+8+2+5+6 \equiv 25 \equiv 7 \pmod{9}$

$48256 \equiv 4-8+2-5+6 \equiv -1 \equiv 10 \pmod{11}$

$103384 \equiv 1+0+3+3+8+4 \equiv 19 \equiv 10 \equiv 1 \pmod{9}$

$103384 \equiv -1+0-3+3-8+4 \equiv -5 \equiv 6 \pmod{11}$

$58 \times 7345 \equiv (5+8) \times (7+3+4+5) \equiv 13 \times 19 \equiv 4 \times 1 \equiv 4 \pmod{9}$

$58 \times 7345 \equiv 3 \times (-7+3-4+5) \equiv -9 \equiv 2 \pmod{11}$

$77777 \times 54321 \equiv 35 \times 15 \equiv 8 \times 6 \equiv 48 \equiv 3 \pmod{9}$

$77777 \times 54321 \equiv 7 \times (5-4+3-2+1) \equiv 7 \times 3 \equiv 10 \pmod{11}$

38.

13［$286-273=13$　273は13で割り切れる］

29［$377-319=58=2\times 29$　$319\div 29=11$となる］

38［$1634-1558=76=2\times 2\times 19$

$1900-190=1710$は19で割り切れ、それと1634の差である76も19で割り切れるので、1634は19で割り切れる。1634も1558も偶数だが4では割り切れないことを考えあわせて、$19\times 2=38$が答え］

39.

$33\times 33\times 34$の方が大きい［感覚的には「立方体」に近

い]

40.

$\frac{5}{6}$, $\frac{6}{7}$, $\frac{7}{8}$　［$\frac{5}{6}$　$\frac{5+1}{6+1}$　$\frac{5+2}{6+2}$ と考えてもよいし

$1-\frac{1}{6}$　$1-\frac{1}{7}$　$1-\frac{1}{8}$ と考えてもよい］

$\frac{26}{135}$, $\frac{27}{138}$, $\frac{28}{141}$　［$\frac{26}{135} \fallingdotseq \frac{1}{5}$　$\frac{26+1}{135+3}$　$\frac{26+1+1}{135+3+3}$ と

するごとに大きくなる（だんだんと$\frac{1}{3}$に近づいていく）］

41.

$2(x-3y)-3(y-3x)=11x-9y$

［xの係数は$2+9$　yの係数は$-6-3$］

$3(2x+5y)-4(x-6y)=2x+39y$

［xの係数は$6-4$　yの係数は$15+24$］

$5(x-2y+1)-3(2x-3y-4)=-x-y+17$

［xの係数は$5-6$　yの係数は$-10+9$　定数項は$5+12$］

$3(x-y+z)-2(x-3y-4z)-(3y-x)=2x+11z$

［xの係数は$3-2+1$　yの係数は$-3+6-3$　zの係数は$3+8$］

$2(3x-2y)-\{3(x-y)-2(4x-3y)\}=11x-7y$

［xの係数は$6-3+8$　yの係数は$-4+3-6$］

$\{4x-3(1-2x)\}-\{1-3(1-5x)\}=-5x-1$

[xの係数は$4+6-15$　定数項は$-3-1+3$]

$(3-2x+x^2)(1+2x+3x^2)=3+4x+6x^2-4x^3+3x^4$

係数は

定数項	1次の項	2次の項	3次の項	4次の項
3×1	$3\quad -2$	$3\quad -2\quad 1$	$-2\quad 1$	1×3
	$1\quad 2$	$1\quad 2\quad 3$	$2\quad 3$	
	$-2\quad +6$	$1\quad -4\quad 9$	$2-6$	

42.

$x^3\div x^2\times x^5=x^{3-2+5}=x^6$

$x^2\div(x^3)^3\times(x^5)^2\div x^3=x^{2-3\times3+5\times2-3}=x^0=1$

$(x^6)^3\div x^3\div(x^8)^2=x^{6\times3-3-8\times2}=x^{-1}=\dfrac{1}{x}$

$-9x^2y^4\div(-3x^2y)^2\times(-xy)^3$

$=(-1)^6\times3^{2-2}\times x^{2-2\times2+3}\times y^{4-2+3}=xy^5$

$(2x^3y)^3\div27xy^2\times(6x^2y)^4$

$=2^{3+4}\times3^{-3+4}\times x^{3\times3-1+2\times4}\times y^{3-2+4}$

$=2^7\times3\times x^{16}y^5=384x^{16}y^5$

43.

$$\frac{3x-2}{2}-\frac{5x-4}{7}=\frac{11x-6}{14}$$

［分母は 2×7，分子の x の係数は $3\times7-2\times5$，定数項は $-2\times7+4\times2$］

$$\frac{3x-1}{8}+\frac{x-5}{12}=\frac{11x-13}{24}$$

［分母は 8 と 12 の最小公倍数で 24、分子の x の係数は $3\times3+2$、定数項は $-3-2\times5$］

$$1-\frac{2x-3}{4}+\frac{x-2}{3}=\frac{-2x+13}{12}$$

［分母は 4×3、分子の x の係数は $-2\times3+4$、定数項は $12+3\times3-4\times2$］

$(10-3)x=18+5$　として　$x=\dfrac{23}{7}$

$(15-8)x=-12+3-12$　として　$x=-3$

44.

$(x,\ y)\ =\ (1,\ -2)$

［$x=\dfrac{10\times5+(-8)\times3}{4\times5+2\times3}=\dfrac{26}{26}=1$

そこで、$4x-3y=10$ に $x=1$ を代入し、これを y につい

て解けば、$y=\dfrac{4-10}{3}=-2$]

$(x,\ y)\ =\ (2,\ -1)$

[$x=\dfrac{5-3}{2\times5-3\times3}=2$、そこで、$3x+5y=1$ に $x=2$ を代入し、これを y について解けば、$y=\dfrac{1-6}{5}=-1$]

$(x,\ y)\ =\ (3,\ 1)$

[辺々足すと $7x+7y=28$。よって $x+y=4$, $2x+2y=8$
これとはじめの式を比べて $3y=3$
$\therefore y=1$　あとは、$x+y=4$ により $x=3$]

45.

$$(x,\ y)\ =\ \left(\frac{\begin{vmatrix}8 & -5\\7 & 3\end{vmatrix}}{\begin{vmatrix}2 & -5\\5 & 3\end{vmatrix}},\ \frac{\begin{vmatrix}2 & 8\\5 & 7\end{vmatrix}}{\begin{vmatrix}2 & -5\\5 & 3\end{vmatrix}}\right)\ =\ \left(\frac{59}{31},\ -\frac{26}{31}\right)$$

$$(x,\ y)\ =\ \left(\frac{\begin{vmatrix}1 & 3\\2 & 7\end{vmatrix}}{\begin{vmatrix}4 & 3\\5 & 7\end{vmatrix}},\ \frac{\begin{vmatrix}4 & 1\\5 & 2\end{vmatrix}}{\begin{vmatrix}4 & 3\\5 & 7\end{vmatrix}}\right)\ =\ \left(\frac{1}{13},\ \frac{3}{13}\right)$$

$$(x,\ y) = \left(\frac{\begin{vmatrix}4 & -4\\ 5 & -3\end{vmatrix}}{\begin{vmatrix}3 & -4\\ 4 & -3\end{vmatrix}},\ \frac{\begin{vmatrix}3 & 4\\ 4 & 5\end{vmatrix}}{\begin{vmatrix}3 & -4\\ 4 & -3\end{vmatrix}}\right) = \left(\frac{8}{7},\ -\frac{1}{7}\right)$$

$$(x,\ y) = \left(\frac{\begin{vmatrix}2 & -4\\ 11 & 9\end{vmatrix}}{\begin{vmatrix}5 & -4\\ 2 & 9\end{vmatrix}},\ \frac{\begin{vmatrix}5 & 2\\ 2 & 11\end{vmatrix}}{\begin{vmatrix}5 & -4\\ 2 & 9\end{vmatrix}}\right) = \left(\frac{62}{53},\ \frac{51}{53}\right)$$

$$(x,\ y) = \left(\frac{\begin{vmatrix}4 & 2\\ 9 & 3\end{vmatrix}}{\begin{vmatrix}3 & 2\\ 2 & 3\end{vmatrix}},\ \frac{\begin{vmatrix}3 & 4\\ 2 & 9\end{vmatrix}}{\begin{vmatrix}3 & 2\\ 2 & 3\end{vmatrix}}\right) = \left(-\frac{6}{5},\ \frac{19}{5}\right)$$

46.

$(x,\ y,\ z) = (16-14,\ 16-7,\ 16-11) = (2,\ 9,\ 5)$

[$x+y+z=(11+14+7)\div 2=16$ と出しておく]

$(x,\ y,\ z) = (13-7,\ 13-9,\ 13-10) = (6,\ 4,\ 3)$

$(x,\ y,\ z) = (13-6,\ 13-15,\ 13-5) = (7,\ -2,\ 8)$

47.

$6xy-2x-3y+1=2x(3y-1)-(3y-1)=(2x-1)(3y-1)$

$xz+2yz-2x-4y-z+2=z(x+2y-1)-2(x+2y-1)$

$=(z-2)(x+2y-1)$

$2x^3+x^2+2x-x^2y-y+1=-y(x^2+1)+(x^2+1)+$残り

$=-y(x^2+1)+(x^2+1)+2x(x^2+1)$

$=(x^2+1)(2x-y+1)$

$2x^2-3xy+6xz-9yz-4x+6y$

$=3z(2x-3y)+2x^2-3xy-4x+6y$

$=3z(2x-3y)+x(2x-3y)-2(2x-3y)$

$=(2x-3y)(x+3z-2)$

$x^2y-4y+2x^2-8=y(x^2-4)+2(x^2-4)=(x^2-4)(y+2)$

$=(x+2)(x-2)(y+2)$

48.

$(x+y)^2-4(x+y)+4=(\underset{\sim}{x+y}-2)^2$

[以下　カタマリとして見たものに＿＿]

$x^2-2xy+y^2-3x+3y-4=(\underset{\sim}{x-y}-4)(\underset{\sim}{x-y}+1)$

$x^2-4xy+4y^2+2x-4y-8=(\underset{\sim}{x-2y}+4)(\underset{\sim}{x-2y}-2)$

$x^2-6xy+9y^2-4x+12y-12=(\underset{\sim}{x-3y}-6)(\underset{\sim}{x-3y}+2)$

$4x^2-12xy+9y^2-12x+18y+8$

$=(\underset{\sim}{2x-3y}-2)(\underset{\sim}{2x-3y}-4)$

49.

$2x^2-5x+2=(2x-1)(x-2)$　　$\begin{bmatrix} 2 & \times & -1 \\ 1 & & -2 \end{bmatrix}$

$3x^2-2x-1=(3x+1)(x-1)$　　$\begin{bmatrix} 3 & \times & 1 \\ 1 & & -1 \end{bmatrix}$

[x に 1 を代入すると 3−2−1=0 になることから考え

てもよい]

$3x^2-8x+4=(3x-2)(x-2)$　$\left[\begin{matrix}3 & \diagdown\!\!\!\diagup & -2 \\ 1 & & -2\end{matrix}\right]$

$6x^2-13x+6=(2x-3)(3x-2)$　$\left[\begin{matrix}2 & \diagdown\!\!\!\diagup & -3 \\ 3 & & -2\end{matrix}\right]$

$5x^2+2x-7=(x-1)(5x+7)$
[$x=1$ を代入すると与式$=0$]

$5x^2-2x-7=(x+1)(5x-7)$
[$x=-1$ を代入すると与式$=0$]

$4x^2-17x-15=(4x+3)(x-5)$　$\left[\begin{matrix}4 & \diagdown\!\!\!\diagup & 3 \\ 1 & & -5\end{matrix}\right]$

$3x^2-5x-2=(3x+1)(x-2)$　$\left[\begin{matrix}3 & \diagdown\!\!\!\diagup & 1 \\ 1 & & -2\end{matrix}\right]$

[$x=1$, -1 を代入しても与式は 0 にならない……ということは……]

$6x^2-7x+1=(x-1)(6x-1)$
[$x=1$ を代入すると与式$=0$]

$6x^2-7x-3=(3x+1)(2x-3)$ $\begin{bmatrix}3 & \times & 1\\ 2 & & -3\end{bmatrix}$

50.

$\sqrt{35}\times\sqrt{110}\times\sqrt{77}=\sqrt{(5\times7)\times(11\times5\times2)\times(7\times11)}$

$=5\times7\times11\sqrt{2}=385\sqrt{2}$

$(\sqrt{7}-2)^2-(\sqrt{7}-1)^2=(11-8)-4\sqrt{7}+2\sqrt{7}=3-2\sqrt{7}$

$\sqrt{3}(\sqrt{6}-\sqrt{2})-\sqrt{2}(3-2\sqrt{3})=-\sqrt{6}+2\sqrt{6}=\sqrt{6}$

$\sqrt{2}$ の同類項

$(\sqrt{2}-1)^{10}(3+2\sqrt{2})^7=(3-2\sqrt{2})^5(3+2\sqrt{2})^5(3+2\sqrt{2})^2$

$=(9-8)^5(3+2\sqrt{2})^2=(9+8)+2\times3\times2\sqrt{2}=17+12\sqrt{2}$

51.

$\dfrac{6-2\sqrt{3}}{\sqrt{2}}-\dfrac{2\sqrt{6}-3\sqrt{2}}{\sqrt{3}}=3\sqrt{2}-2\sqrt{2}-\sqrt{6}+\sqrt{6}=\sqrt{2}$

$\dfrac{10-2\sqrt{15}}{\sqrt{5}}+\dfrac{5\sqrt{6}-\sqrt{10}}{\sqrt{2}}=2\sqrt{5}-\sqrt{5}-2\sqrt{3}+5\sqrt{3}=\sqrt{5}+3\sqrt{3}$

$6\left(\dfrac{1-\sqrt{6}}{\sqrt{3}}-\dfrac{\sqrt{6}-3}{\sqrt{2}}\right)=\left(\dfrac{6}{\sqrt{3}}-\dfrac{6\sqrt{6}}{\sqrt{2}}\right)+\left(\dfrac{-6\sqrt{6}}{\sqrt{3}}+\dfrac{18}{\sqrt{2}}\right)$

$=(2\sqrt{3}-6\sqrt{3})+(-6\sqrt{2}+9\sqrt{2}) \ =-4\sqrt{3}+3\sqrt{2}$

52.

$$x+y=\frac{2(\sqrt{6}+\sqrt{2})+2(\sqrt{6}-\sqrt{2})}{(\sqrt{6}+\sqrt{2})(\sqrt{6}-\sqrt{2})}=\frac{4\sqrt{6}}{4}=\sqrt{6}$$

$$xy=\frac{2\times 2}{6-2}=1$$

$$x^2+y^2=(x+y)^2-2xy=6-2=4$$

$$\frac{1}{x}+\frac{1}{y}=\frac{x+y}{xy}=\sqrt{6}$$

$$\frac{y}{x}+\frac{x}{y}=\frac{x^2+y^2}{xy}=\frac{4}{1}=4$$

$$2x^2-xy+2y^2=2(x^2+y^2)-xy=2\times 4-1=7$$

53.

$(2+\sqrt{5})(3-\sqrt{5})+(2-\sqrt{5})(3+\sqrt{5})=(6-5)\times 2=2$

［最初のかけ算の「展開」が $a+c\sqrt{b}$ の形になれば、あとのほうは $a-c\sqrt{b}$ の形になるから、両者足して $2a$ となる。

つまり、最初の展開は整数部分だけ行ない、2倍すればよいと見抜く］

$$\frac{2-\sqrt{2}}{3-2\sqrt{2}}-\frac{2+\sqrt{2}}{3+2\sqrt{2}}=\frac{\sqrt{2}\times 2}{(3-2\sqrt{2})(3+2\sqrt{2})}=2\sqrt{2}$$

[前問同様、分子は $(3+2\sqrt{2})(2-\sqrt{2})$ の$\sqrt{2}$がついた項だけを計算して 2 倍する]

$$\frac{(\sqrt{2}+1)^2}{\sqrt{2}-1}+\frac{(\sqrt{2}-1)^2}{\sqrt{2}+1}$$

$$=(3+2\sqrt{2})(\sqrt{2}+1)+(3-2\sqrt{2})(\sqrt{2}-1)$$

$$=5\sqrt{2}\times 2=10\sqrt{2}$$

[$1+\sqrt{2}$ の共役無理数は $1-\sqrt{2}$ であって$\sqrt{2}-1$ でないことに注意]

54.

$$\{(1+\sqrt{2})+\sqrt{3}\}^2+\{(1+\sqrt{2})-\sqrt{3}\}^2$$

$$=2\ \{(1+\sqrt{2})^2+(\sqrt{3})^2\}=12+4\sqrt{2}$$

$$\{1+(\sqrt{2}+\sqrt{3})\}^2-\{1-(\sqrt{2}+\sqrt{3})\}^2=4\times 1\times(\sqrt{2}+\sqrt{3})$$

$$=4\sqrt{2}+4\sqrt{3}$$

$$\{\sqrt{5}-(\sqrt{3}+\sqrt{2})\}\{\sqrt{5}+(\sqrt{3}+\sqrt{2})\}=5-(\sqrt{3}+\sqrt{2})^2$$

$$=-2\sqrt{6}$$

$$(1+\sqrt{3}+\sqrt{2})(1-\sqrt{3}+\sqrt{2})(1-\sqrt{3}-\sqrt{2})(1+\sqrt{3}-\sqrt{2})$$

$$=2\sqrt{2}\times(-2\sqrt{2})=-8$$

[$1^4+(\sqrt{3})^4+(\sqrt{2})^4-2\times(\sqrt{3})^2(\sqrt{2})^2-2\times(\sqrt{2})^2 1^2-2\times 1^2(\sqrt{3})^2=1+3^2+2^2-2\times(6+2+3)=-8$ としてもよい]

55.

$x=3+2\sqrt{2}$ のとき

$x-3=2\sqrt{2}$ の両辺を 2 乗してから整理すると、

$$x^2-6x=-1$$

$$\begin{cases} x^2-6x+3=-1+3=2 \\ x^3-6x^2=x(x^2-6x)=-x=-3-2\sqrt{2} \\ x^4-12x^3+37x^2=(x^2-6x)^2+x^2=1+6x-1=18+12\sqrt{2} \end{cases}$$

$x=2-\sqrt{3}$ のとき

$x-2=-\sqrt{3}$ の両辺を2乗してから整理すると、

$$x^2-4x=-1$$

$$\begin{cases} x^2-4x=-1 \\ x^3-4x^2=x(x^2-4x)=-x=-2+\sqrt{3} \\ x^5-8x^4+16x^3+x^2-5x-1 \end{cases}$$

$$=x(x^2-4x)^2+(x^2-4x)-x-1=x+(-1)-x-1$$

$$=-2$$

56.

$y=3x+4$

$y=-2x-10$

$y=\dfrac{-5-3}{5-(-1)}(x+1)+3=-\dfrac{4}{3}x+\dfrac{5}{3}$

$y=-\dfrac{1}{3}x+\dfrac{16}{3}$

$y=\dfrac{2}{5}x+\dfrac{19}{5}$

$\frac{x}{2}+\frac{y}{5}=1 \quad (y=-\frac{5}{2}x+5)$

$2x+3y[=2\times3+3\times(-1)]=3$

$3x-4y[=3\times(-3)-4\times(-5)]=11$

$5x+3y[=5\times(-1)+3\times2]=1$

57.

11 $[=(28-6)\div2]$

4	1
6	7
6	28

15.5 $[=\{(-1)-(-32)\}\div2]$

1	−8
4	−1
−32	−1

24 $[=\{40-(-8)\}\div2]$

2	−8
−5	−4
40	−8

58.

$\frac{1}{\sqrt{29}} \quad \left(=\frac{|2\times0-5\times0+1|}{\sqrt{2^2+5^2}}\right)$

$\frac{4}{\sqrt{5}} \quad \left(=\frac{|3-2\times(-2)-3|}{\sqrt{1^2+(-2)^2}}\right)$

$\frac{4}{\sqrt{5}} \quad \left(=\frac{|2\times(-1)-2+8|}{\sqrt{2^2+(-1)^2}}\right)$

59.

C（-1, 7）

$\left(-5+\dfrac{2}{3}\{1-(-5)\},\ 3+\dfrac{2}{3}(9-3)\right)$を計算。

［ただし、この式などを暗算の際に思いうかべる人はいません］

C $\left(\dfrac{21}{5}, -\dfrac{16}{5}\right)$

$\left(\dfrac{2\times3+3\times5}{3+2},\ \dfrac{2\times1+3\times(-6)}{3+2}\right)$を計算。

60.

$$\underbrace{-x,\ x-1}_{\text{負}},\ \underbrace{(x-1)^2,\ 1-x,\ x,\ 1,\ \frac{1}{x},\ \frac{1}{1-x}}_{\text{正}}$$

$\dfrac{1}{2}<x<1$ より右の数直線を

0　x　x　$1-x$　$\dfrac{1}{2}$　1

イメージすれば　　$x>1-x$ ……①

両辺を（-1）倍すれば　　$-x<x-1$ ……②

①の逆数を考えれば　　$\dfrac{1}{x}<\dfrac{1}{1-x}$ ……③

①〜③などと、正負の判断、さらに1との大小をあわせて考える。

61.

$3+\sqrt{6}<\sqrt{7}+2\sqrt{2}$

$3+\sqrt{6}$ と $\sqrt{7}+2\sqrt{2}$

2乗

$15+6\sqrt{6}$ と $15+4\sqrt{14}$

15を引く

$6\sqrt{6}$ と $4\sqrt{14}$

2乗

216 と 224

$2+\sqrt{3}<\sqrt{14}$

$2+\sqrt{3}$ と $\sqrt{14}$

2乗

$7+4\sqrt{3}$ と 14

7を引く

$4\sqrt{3}$ と 7

2乗

48 と 49

$5-2\sqrt{6}>3\sqrt{3}-\sqrt{26}$

$5-2\sqrt{6}$ と $3\sqrt{3}-\sqrt{26}$

負の項を移項して比較

$5+\sqrt{26}$ と $3\sqrt{3}+2\sqrt{6}$

2乗

$51+10\sqrt{26}$ と $51+36\sqrt{2}$

51を引く

$10\sqrt{26}$ と $36\sqrt{2}$

2で割る

$5\sqrt{26}$ と $18\sqrt{2}$

2乗

25×26 と 324×2

650 と 648

著者紹介
栗田哲也（くりた　てつや）
1961年、東京都生まれ。東京大学文学部中退後、数学教育関連の予備校、塾、出版社に在籍。月刊誌「大学への数学」「中学への算数」などに寄稿しながら、駿台英才セミナーでの通算23年の講師体験で18人（のべ30名）の数学オリンピックメダリストの指導にたずさわる。主な著書に『数学に感動する頭をつくる』『中学入試レベル 大人の算数トレーニング』（以上、ディスカヴァー・トゥエンティワン）、『子どもに教えたくなる算数』（講談社現代新書）など。

イラスト――おうみかずひろ

本書は2010年４月にＰＨＰ研究所より刊行された『暗算力を身につける』を改題し、加筆・修正したものです。

PHP文庫　暗算力
誰でも身につく！

2019年6月17日　第1版第1刷

著　者　栗田哲也
発行者　後藤淳一
発行所　株式会社PHP研究所
東京本部　〒135-8137　江東区豊洲5-6-52
第四制作部文庫課　☎03-3520-9617(編集)
普及部　☎03-3520-9630(販売)
京都本部　〒601-8411　京都市南区西九条北ノ内町11
PHP INTERFACE　https://www.php.co.jp/
編集協力
組　版　株式会社PHPエディターズ・グループ
印刷所
製本所　図書印刷株式会社

ISBN978-4-569-76897-7